解決問題：

克服困境、突破關卡的思考法和工作術

問題解決──
あらゆる課題を突破する ビジネスパーソン必須の仕事術

高田貴久、岩澤智之　合著
許郁文　譯

MONDAIKAIKETSU—ARAYURU KADAIWO TOPPASURU BUSINESS PERSON HISSU NO
SHIGOTOJUTSU by Takahisa Takada, Tomoyuki Iwasawa
Copyright © Takahisa Takada, Tomoyuki Iwasawa, 2014
All rights reserved.
Original Japanese edition published by Eiji Press, Inc.
Traditional Chinese translation copyright © 2021 by EcoTrend Publications, a division of Cite Publishing Ltd.
This Traditional Chinese edition published by arrangement with Eiji Press, Inc., Tokyo, through HonnoKizuna, Inc.,
Tokyo and Bardon-Chinese Media Agency

經營管理 171

解決問題：

克服困境、突破關卡的思考法和工作術

合　　　著 ── 高田貴久、岩澤智之
譯　　　者 ── 許郁文
封 面 設 計 ── 陳文德
內 文 排 版 ── 薛美惠
企畫選書人 ── 文及元
責 任 編 輯 ── 文及元
行 銷 業 務 ── 劉順眾、顏宏紋、李君宜

總　編　輯 ── 林博華
發　行　人 ── 涂玉雲
出　　　版 ── 經濟新潮社
　　　　　　　104 台北市民生東路二段 141 號 5 樓
　　　　　　　電話：(02)2500-7696 傳真：(02)2500-1955
　　　　　　　經濟新潮社部落格：http：//ecocite.pixnet.net

發　　　行 ── 英屬蓋曼群島商家庭傳媒股分有限公司城邦分公司
　　　　　　　台北市中山區民生東路二段 141 號 11 樓
　　　　　　　客服服務專線：02-25007718；25007719
　　　　　　　24 小時傳真專線：02-25001990；25001991
　　　　　　　服務時間：週一至週五上午 09：30-12：00；下午 13：30-17：00
　　　　　　　畫撥帳號：19863813；戶名：書虫股分有限公司
　　　　　　　讀者服務信箱：service@readingclub.com.tw

香港發行所 ── 城邦（香港）出版集團有限公司
　　　　　　　香港灣仔駱克道 193 號東超商業中心 1 樓
　　　　　　　電話：25086231 傳真：25789337
　　　　　　　E-mail：hkcite@biznetvigator.com

馬新發行所 ── 城邦（馬新）出版集團 Cite (M) Sdn. Bhd. (458372 U)
　　　　　　　41, Jalan Radin Anum, Bandar Baru Sri Petaling,
　　　　　　　57000 Kuala Lumpur, Malaysia.
　　　　　　　電話：(603) 90578822 傳真：(603) 90576622
　　　　　　　E-mail：cite@cite.com.my

印　　　刷 ── 漾格科技股分有限公司
初 版 一 刷 ── 2021 年 9 月 2 日
ISBN：978-986-06579-8-2、978-986-06579-9-9(EPUB)

定價：450 元

前言

何謂解決問題？

　　人生說到底就是「該如何解決眼前的問題」，每個人都為了解決問題而煩惱，結果卻往往不如預期。其實這算是很常見的情況，因為大部分的人都以自己覺得正確的方法解決問題或是走一步算一步，如果運氣好，有時當場就能解決，但不會每次都這麼幸運，而且就算解決一個問題，其他的問題也會接踵而來。

　　一聽到「解決問題」這個字眼，或許有些人會以為「是要用什麼困難的分析或是特殊的方法嗎？」有可能會聯想到一些專業的內容，但解決問題真的需要這些嗎？其實所謂的「解決問題」就是在所有工作場合都能看得到的「工作方式」。以 TOYOTA 汽車為例，他們在過去四十年要求所有部門的員工實踐所謂的 TBP（TOYOTA Business Practice），也就是 TOYOTA 獨有的問題解決手法，解決問題的技巧不只是 TOYOTA 與製造商需要。到目前為止，我們在金融業、貿易業、物流業、通訊業、服務業與其他業種，替超過一百家的公司舉辦了研修課程，但許多龍頭企業到現在才知道，所有的員工都必須具備「解決問題」這個技巧。

　　工作就是不斷地解決問題，但可能有許多人不知道這點，所以才像是「打地鼠一樣」，遇到問題再想辦法解決。本書就是要告訴所有上班族該怎麼在職場節省資源，有效率、有建設性地推動工作的步驟。主要的內容就是上班族想讓工作具有高附加價值所需的「工作技巧」，也就是解決問題的步驟以及思考技巧。

　　或許會有人說「解決問題的書籍多不勝數」，但老實說，幾乎沒有真正能夠在職場派上用場的「問題解決教科書」。我的公司在舉辦研修課程時，沒有任何一本書能當成問題解決的教科書使用。不管是哪一本書，只要是從作者本身有限的經驗出發，內容當然會很合理，但是很少作者能兼顧所有行業都

能套用的通則性，寫出能於職場實踐的內容，這也是為什麼很多人以為「要解決問題需要特殊技巧」的原因，所以我才決定自己寫一本不是實質標準，卻堪稱「經典教科書」的問題解決專書。我們的講師根據在一百間以上的企業講課的經驗，以及透過不斷的討論，最終催生出這本書。

本書的內容大致有二個特徵，一個是將目標放在「實踐」而不是「了解」，另一個則是「課題設定型」，換言之，我們要介紹的不是「理所當然的狀態」，而是讓大家具備高度問題意識，「描繪更美好的未來」，以及自行設定課題的方法論。

請大家參考圖 0-1。內容是上班族所需的能力。前著《精準表達》（高田貴久著，2004 年，英治出版）曾提到圖中的 1 至 4，但本書則追加 5 至 7 的「分析力」、「問題解決」、「策略立案」這些技巧，這些技巧也是這十年來的心血結晶。

本書希望讀者不只學到知識，還希望大家學會一連串的技巧，幫助大家正確辨讀問題與思考問題的解決方案，讓人與企業動起來，流暢地推動工作，最終讓企業與社會變得更美好，這也是我們由衷的盼望。

本書架構

接著為大家說明本書的整體架構。

【圖 0-1】本書介紹的技巧

如圖 0-2 所示，本書共由第一至七章組成，解決問題的步驟則以 PDCA 循環整理內容。第一至五章的是 P（計畫），第六章的是 D（執行），第七章的是 C 與 A（評估與制度化）。

此外，P 的部分又分成三大部分，第一個部分的第一至三章屬於問題解決基本技巧的「問題發生型」內容，第二個部分的第四章為問題解決進階技巧的「課題設定型」內容，第五章則說明上述二種技巧共通的內容。

再者，每一章都分成「故事」、「解說」、「總結」這三大部分。

「故事」是虛構的職場故事，為的是讓大家身歷其境，感受解決問題的步驟。主角戶崎是在京都的上賀茂製作所的經營企畫部服務。這位在前著《精準表達》也登場的戶崎曾在顧問公司上班，這次則跳槽到當時的客戶上賀藏製作所，故事就從社長臨危授命，要他重振業績低迷的事業部開始。

「解說」則是以故事情節為題材，詳盡解說解決問題的步驟。「總結」則是摘錄解說的重點。

接著為大家介紹各章概要。

第一章　解決問題的步驟：介紹遇到問題時的思考模式
第二章　找出問題：找出問題所在的方法
第三章　追究原因：兼顧廣度與深度地檢討問題發生的原因

【圖 0-2】本書編排架構

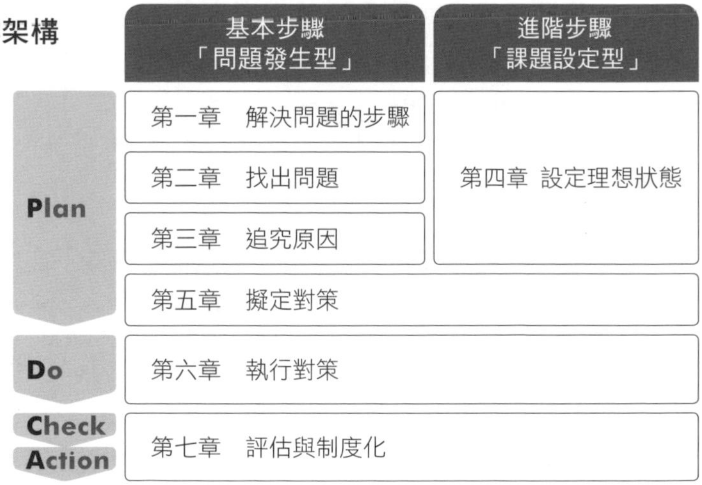

	基本步驟 「問題發生型」	進階步驟 「課題設定型」
Plan	第一章　解決問題的步驟	第四章　設定理想狀態
Plan	第二章　找出問題	第四章　設定理想狀態
Plan	第三章　追究原因	第四章　設定理想狀態
Plan	第五章　擬定對策	
Do	第六章　執行對策	
Check Action	第七章　評估與制度化	

「解決問題」對誰有好處？

讓我們試著根據解決問題「在什麼情況下」、「對誰」有好處，整理本書的特徵：

① 年輕上班族

對於必須完成上司交辦的各種工作的年輕上班族來說，最有用的章節就是第六章的「執行對策」，但聽命行事是無法自我成長的，所以能幫助年輕上班族在遇到問題之後，自行思考問題的原因，擬出優質對策的第三章「追究原因」與第五章的「擬定對策」也相對重要。

② 菁英上班族

在職場的第一線遇到最多「問題」，每天與問題奮戰的角色就是菁英上班族。整本書的內容幾乎都對菁英上班族有用，尤其第二章的「找出問題」最值得參考。菁英上班族通常會比年輕的上班族遇到「更多、更大」的問題，若無法找出問題，很有可能會找錯問題的原因，擬定方向錯誤的對策，弄得自己精疲力盡。希望大家在充分了解第一章的「解決問題的步驟」之後，能學會更具效率、更有效果的工作方式。

③ 管理階層、經營階層

這個層級的人最需要第四章的「設定理想狀態」與第七章的「評估與制度化」。這個層級的人已經具備找出眼前的問題，思考問題的原因，擬定相關對策的能力，所以他們的重點不在於「誰都看得出來」的問題，而是「自行設定更高層級的問題」。

此外，只能執行一次的對策無益於組織的永續發展，所以他們必須替組

織建立制度，讓對策在執行結束後，能更有效地回顧執行過程，以及評估執行結果，並且在每次執行對策之後，都能得到相同的結果。

由於這個層級的人會覺得「懂這些、會那些是理所當然的事」，所以會希望部屬的等級跟他們一樣。他們會在腦中先想一遍結果，找出問題與查出問題的原因，然後不作任何說明，直接要求部屬「執行對策」，長此以往，部屬當然會變得「只能聽命行事」與「說一動才做一動」。這個層級的人必須具備的能力是打造一個能快速解決問題的組織。

④ 新進員工、參加面試的學生

除了上班族之外，正在找工作的學生與剛進入公司的新鮮人也務必閱讀本書。這些朋友通常有「聽得懂，但感覺跟不上」的症狀，他們知道解決問題的步驟，但缺乏在企業工作，為了問題煩惱與痛苦的經驗，所以常陷入「到底實際的工作情況是怎樣？」的茫然中。

本書特別以我自己的親身體驗寫了許多「故事」，只要閱讀這些故事就不難想像工作現場的情況，所以請大家一般想像「自己正在職場上班」，一邊閱讀這些故事。其實不管是正在參加面試的學生還是新進員工都不可能「沒有問題」，而解決問題的步驟都能用來解決自己與周遭的問題，所以希望大家能學以致用，透過本書傳授的知識解決問題。

由上可知，本書的目標讀者群非常廣泛，也都能幫上讀者的忙。我相信，讀者一定能從本書讀到一些有用的內容。

為什麼要以「問題解決」為題？

以上，就是本書的概觀。這本書是我的第二本著作，也是敝公司的第一本出版物，在此想跟大家聊聊以「問題解決」為題的想法。

我原本不知道有「問題解決」的學問，我沒在大學修過也不曾在 MBA 看過這門課，不過長年在顧問公司與製造業任職之後，突然萌生了一個想法，那就是「不管是什麼工作，工作方法其實都是相通的」。

我在之前的職場看過不少「很努力卻拿不出成績」的人，這些人每天拚命工作，卻遲遲無法締造成果，當然也得不到周邊的人青睞，漸漸地就失去動力。不知道大家是否也遇過類似的情況？

覺得必須力挽狂瀾、改善這種情況的時候，我找到了建構本書的藍圖，也就是 WHERE、WHY、HOW 這個概念：

- 到底問題在哪裡？
- 發生這個問題的原因是？
- 所以該如何解決問題？

　　如果無法按照上述的步驟思考，只是不斷地想到什麼就做什麼，很可能創造不了什麼成果。因此我把這種情況命名為「HOW 思考陷阱」，我覺得日本企業的上班族常陷入這個巨大的陷阱裡。如今我在研修課程都會力勸學員牢記「HOW 思考陷阱」這個字眼，因為它就是這麼重要」，可見有多少人因為找不到正確的問題解決之道而疲於奔命。

　　幸運的是，在創立這間公司第二年時，有機會與 TOYOTA 汽車一同開發與「問題解決」有關的員工培訓教材，以及幫助他們培訓社內培訓員。在經過一些討論之後，我的想法得到了「證實」。長年在美國顧問公司工作的我經過反覆琢磨構思的「問題解決」方法論，與血統完全不同，地位足以代表日本的優良企業豐田汽車（TOYOTA）所提倡的「問題解決」方法論完全一致。

　　比方說，TOYOTA 也有「是否暗夜發射砲彈」的警語。這句警語的意思是，在伸手不見五指的黑夜發射砲彈攻擊敵方，很難打中目標，也就是「別用徒勞無功的工作方式」，但這句警語還藏著 TOYOTA 創業以來的企業精神，那就是「不是由財閥或國家扶植的 TOYOTA 要在小小的三河工廠靠自己的雙手打造汽車，就必須一步步朝著單一的方向勇往直前」，這與我在職場感受到的「別陷入 HOW 思考陷阱」可說是如出一轍。

與時代、國別、業種都沒關係。
我相信「解決問題的方法只有一種」。

　　當然，我與 TOYOTA 的方法還是會有一些枝微末節上的差異，例如各業種的特徵或是各階層需要具備的能力，而敝公司設計的研修課程也都有顧慮

這些細節上的差異，不過我向來認為「問題解決的基本步驟」是全日本、全球的上班族都需要的「共同步驟」，我也覺得應該讓更多人知道這個步驟。

一旦思考的步驟不對，溝通就無法成立。聽到別人說「就我的經驗而言，就是這麼一回事吧」，我們大概只能覺得「是這樣嗎？」沒辦法與對方討論下去。

但是當雙方能依照下列的步驟思考，就算不大了解細節，也能展開討論。

「問題真的就是那邊嗎？」

「有深刻探討原因嗎？」

「沒有其他對策了嗎？」

換言之，這能提升溝通的效率以及大幅增進討論的品質。再也沒有比這更美好的事了。

如果所有的上班族都能學會解決問題的方法，有效率地完成工作，並讓這個工作成果成為組織的通則，會對整個日本與世界帶來多少貢獻啊？如果本書能對此盡一己之力，那真是無比榮幸。

本書於出版之際得到許多貴人相助。在此首先要感謝的是於敝社草創時期的 2007 年，在「問題解決」教材開發以及各方面給予支援的 TOYOTA 汽車教育部門總部、前 TOYOTA Institute 第二人才培育集團的集團長柴山英昭、荒井邦彥、小野崇晃、大多和明，在此由衷感謝他們。

此外，還要藉此機會感謝爽快應允出版本書的英治出版董事長原田英治、從旁耐心協助我完成原稿的責任編輯杉崎真名、高野達成、幫忙編輯的 GIGA Operation 的和田文夫，以及其他盡心盡力協助本書出版的朋友。

最後要感謝本書共同作者岩澤智之，以及利用前一份工作的經驗幫忙撰寫本書的前 Mercer Japan 員工岡安建司、前日本經營系統的北原孝英、前 Accenture 員工木村知百合、以及根據前一份工作的寶貴經驗，給予許多建議的前麥肯錫員工荻野裕規、前 Corporate Directions 的鈴木宏尚，與幫忙繪製插畫的谷口果純、管理行程的村田友美。

最後要感謝的是我最愛的內人，感謝她長年以來照顧家庭，讓我在工作繁忙之際，還能騰出時間寫書，藉此獻上我的感謝之意。

2013 年 11 月 1 日株式會社 Precena Strategic Partners 創辦人 CEO 高田貴久

目次

第一章
解決問題的步驟

不知問題在何處的人

陰鬱的心

　　為什麼業績會一路下滑呢？到底問題出在哪？明明今早上賀茂的天空是如此晴朗，雙手握著方向盤的戶崎卻很憂鬱。

　　上賀茂製作所是家專門生產電腦周邊的硬體製造商，總公司位於京都市北區的賀茂川河畔，是由原本在京都地方工廠服務的設計工程師宮里社長創立，屬於家族企業。

　　原本業績一直不錯，但自從在 2002 年創下營收 2200 億日圓的高峰之後就開始微幅下滑，到了 2005 年，營收只剩 2094 億日圓。業績將近八成都是由生產磁性材料、磁性零件的「設備事業本部」創造，而這間公司還有「多媒體事業部」、「網路事業部」與「硬體解決方案事業部」（圖 1-1）。

　　隨著日本整體經濟失速下墜，設備事業本部與網路事業部的業績也以每年 1 至 3% 的速度減少，但營業利益率卻仍維持在 10 至 12%。硬體解決方案事業部

【圖1-1】上賀茂製作所的概要

名稱	上賀茂製作所株式會社
總公司所在地	京都市北區
設立	1978年
業務內容	電腦周邊硬體製造

■2005年結算資料

營業額	2094億日圓
營業利益	211億日圓
員工人數	3200人

	營業額 占比	營業 利益率
設備事業本部	78%	12%
多媒體事業部	**11%**	**▲ 5%**
網路事業部	7%	10%
硬體解決方案事業部	4%	15%

則因為在 2002 年與影音租借大型公司「塔利克斯」合作，業績以每年接近 30% 的速度強勢成長，營業利益率也上升至 15%，足足是原本的三倍。

在如此現況下，最讓戶崎煩惱的就是多媒體部門。多媒體部門是以 OEM 代工（貼牌生產）的方式生產錄影帶的磁帶、磁碟片、MO、CD-R、DVD-R 這類儲存媒體的部門。

這個部門是由在 1980 年代前半，負責音響市場的業務主力高橋（現在的事業部長）所創立。當時是音響家電大幅成長的時代，錄音帶、錄影帶這類磁性媒體的業績也隨著不斷增強的市場需求成長。等到錄音帶的業績在 90 年代 CD 問世之後下滑，這個部門就開始生產 CD 這類光碟，之後又於 90 年代後半投入 DVD 的生產，事業版圖也因不斷進軍「成長的市場」而擴大。

這個部門的業績在 2002 年到達顛峰，創下了業績 286 億日圓，營業利益 31 億日圓的記錄，卻在之後的三年大幅衰退，到了 2005 年，業績只剩下 220 億日圓，營業利益也衰退至 11 億日圓的虧損。整間公司的營業利益在 2002 年與 2005 年下滑了 15 億日圓，其中最為嚴重的情況就是多媒體事業部的虧損抵銷了其他事業部的成長（圖 1-2）。

「大谷、戶崎，來我辦公室一下」，宮里社長直接打電話來是上週的事。「我想談的是多媒體事業部的事，最近這個事業部的狀況怎麼樣？之前都是由

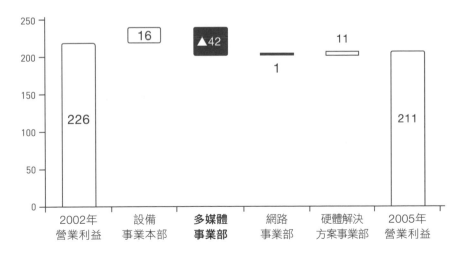

【圖 1-2】三年內的營業利益增減分析

高橋一手負責，但再這樣下去不行，我們的工廠很完善，也不斷降低成本，但業績在這三年居然下滑了兩成，你們能不能助高橋一臂之力，一起在經營企畫部重新建立營業方針呢？」

戶崎在上賀茂製作所的「社長室兼經營企畫部」工作，五年前還是Precena顧問公司的員工，後來因為成功促成上賀茂製作所與塔利克斯的合作便被挖角過來。他是整間公司最年輕的管理階層，也是經營企畫部大谷部長的左右手，負責各式各樣的業務，這次則被交辦重振多媒體事業部這個最重要的任務。

戶崎的疑惑

戶崎從停車場走向辦公室的時候，就一直歪著頭想「為什麼業績會在這三年下滑兩成以上」這個問題，但遲遲找不出原因。今天一大早就要去多媒體事業部聽報告。當他走進經營企畫部，被大谷部長叫住。

「戶崎，今天怎麼這麼早？」

「報告部長，今天從八點半開始，就要去多媒體事業部開會。」

「啊，對，我想起來了，對方有誰來？」

「應該是高橋事業部長、安達課長和浪江。」

「又是這幾個人，但願溝通能順利一點。」大谷部長話中有話地苦笑。

「是啊，希望他們能知無不言、言無不盡。」

戶崎還在顧問公司任職的時候，算是與高橋事業部長有點交情，但與安達課長或精銳領導人浪江則只在事業部會議見過幾面。「對方什麼都願意談嗎？」戶崎不安地走向會議室。

多媒體事業部與經營企畫部分別位於四樓的兩側。由於時間還早，整個樓層也顯得空蕩蕩的。推開會議室的門之後，高橋事業部長、營業部營業企畫課的安達課長、浪江剛以及山邊麻由美一起望向戶崎，戶崎也立刻向大家打招呼。

「非常抱歉，一大早要大家來開會，很感謝大家願意撥冗與會。」接著就向大家說明被宮里社長叫進辦公室的事，以及了解多媒體事業部現況是這次召開會議的目的。

「能被社長直接點名還真是光榮啊，我在創立這個事業時，根本沒有人管我在做什麼」，高橋微笑地說道。「安達，跟戶崎說明一下狀況。」

「好的，」安達點了點頭開始說明，「戶崎，多媒體事業部這三年來，真的遇到麻煩了。市場很活絡，我們也忙得不可開交，但業績卻是逐年下滑，利潤當然也跟著減少，這季居然還出現虧損，我們實在是束手無策。」

「原來如此，看來狀況很嚴重。」戶崎搭話之後，安達繼續說明。

「技術部、採購部、工廠，我每天都拜託這些相關部門降低成本，但還是無法滿足顧客要求的降價幅度，現況就是各家廠商殺紅眼的紅海市場，彼此都在削價競爭。」

戶崎也試著提問。

「實際上，有哪些案件被其他公司搶走呢？」

浪江迫不及待地插嘴「已經多到數不清了，因為業務負責人幾乎每天都得面對『搶生意』與『生意被搶』的問題。」

安達補充說，「我們還沒真的分析過，但現在幾乎沒有能穩定往來的客戶，大部分都得先比價再說。」

戶崎又繼續問。

「具體來說，是哪些公司跟我們競爭呢？」

「這得視情況而定，」浪江如此回答之後，接著說：「不過，大部分都是台灣或香港的公司，最近中國企業也不斷增加，甚至還有客戶自行生產。」

「原來如此」，儘管戶崎如此回應，卻還是陷入沉思。聽起來還真是霧裡看花，戶崎決定先安靜聽完所有的事。

疑雲漸密

浪江說完後，安達接著說：

「即使狀況如此，多媒體事業部還是做了很多努力，比方說，增加拜訪客戶的次數。具體的做法就是要求業務員定出每個月拜訪客戶的次數，之後再確認目標是否達成，而且我們也在公司的內部網路新增了『資訊箱』，方便大家分享拜訪客戶之後的資訊。」

本來打算靜靜聽完的戶崎，還是忍不住插嘴問：

「主要是分享哪些資訊呢？」

「很多資訊，例如客戶的狀況、競爭對手的資訊，總之，什麼資訊都可以放入這個資訊箱。」

到目前為止一句話都沒說的高橋事業部長也開口說：

「事業部所做的努力大概就是這樣，對了，安達，市占率表已經做好了吧？」

「什麼是市占率表？」戶崎提出這個問題之後，山邊回答：

「顧名思義，市占率表就是我們公司在客戶之間的占比。我們會問客戶，在各種商品之中，我們的市占率有幾個百分比，其他的部分又有哪些競爭對手，也會問這些競爭對手所占的比例，再根據這些調查結果製作表格。最近的競爭策略之一就是更新這張市占率表的內容。」

戶崎只是一直點頭，但一句話也沒說。

「我還是不大懂，這到底是為了改善什麼的策略啊？」

戶崎的疑問愈來愈多。

二個小時一下子就過去，多媒體事業部的會議也結束了。戶崎整理好手上的資料之後，從座位站起來，高橋跟他說：

「戶崎，你應該知道多媒體事業部把能做的都做了，拜託你在社長面前美言幾句，告訴社長多媒體事業部很努力。如果由經營企畫部來說，社長也比較放心。」

「嗯，應該是吧。不管怎麼說，我今天得到了很多資訊，我也還得整理一下這些資訊。我會在經營企畫部先整理一下狀況。能讓我隔幾天再跟社長報告嗎？」戶崎問。

「當然啊，我們事業部從來沒像這樣被全公司討論過，我們也很煩惱，很希望你助我們一臂之力。」高橋說。

走出會議室之後，原本沒什麼人的樓層已經變得很熱鬧。稍微恢復元氣的戶崎在走向自己的辦公室時，不斷地反芻會議的內容。

雖然聽到了很多事，卻好像什麼都沒聽到。到底多媒體事業部想做什麼？他們的改善策略有什麼意義呢？感覺他們做了很多不必要的事。在做這些努力之前，應該要先找出問題吧？

於是戶崎打算先從找出問題開始。

- 什麼是解決問題的步驟？
- 注意 HOW 思考陷阱
- 利用解決問題的步驟推動工作
- 為了找出更佳的問題解決之道

什麼是解決問題的步驟？

在各種情況下，遇到應該解決的問題

筆者經常在企業研究課程聽到下列意見：

「解決問題的重責大任不在我身上。」

「我只能聽命行事。」

「每天都忙得要死，哪有時間慢慢去想什麼解決問題。」

說不定你也有類似的想法，但真的是這樣嗎？

的確，一提到問題解決這個題目，許多人會聯想到經營顧問、律師或其他專業人士，或是企業的高層、企畫部門這些特殊立場的人，但不是這些人知道該怎麼解決問題就夠了。一如剛剛故事主角的戶崎也需要解決多媒體事業部業績低迷的問題，整個企業通常存在著各類問題。

其實只要靜下心來想一下，你就會發現自己每天也面對很多問題，比方說，「業績上不去」、「部屬聽不懂指令」、「加班時間太長」這些業務問題，更接近生活一點的問題就是「沒辦法存錢」、「跟朋友處得不好」，問題可說是不勝枚舉，許多人每天都在與這些堆積如山的問題搏鬥。

即使大家每天都要處理很多問題，卻很少人知道「解決問題」是有明確的步驟的，每當我問研修學員：「有人為了提升解決問題的能力讀書或上課的嗎？」大部分的人都回答：「沒有」。

可見不懂方法，悶著頭解決問題的人有多少，大部分的人都是憑著直覺或經驗面對問題，不然就是對別人的意見照單全收，所以也很常在職場聽到「因為我不知道該怎麼做」、「因為沒有經驗，所以不知道該怎麼處理」、「以前

都這樣解決」、「我覺得就是會發生這個問題」這些藉口。

　　如果不知道解決問題的步驟，很可能會得過且過或是浪費很多時間解決問題，也有可能把問題想得太複雜而放棄解決問題，這當然得不到更好的結果，而且問題還有可能繼續惡化，直到難以收拾的地步，逼得我們高舉白旗投降。

　　所謂解決問題的步驟就是思考問題的解決方案與執行解決方案的步驟。處理問題的人都能助別人一臂之力，所以學會解決問題的步驟，除了能解決在職場遇到的問題，也能在日常生活遇到問題時，找出對應的解決方案。

解決問題的步驟是相通的

　　「解決問題的方法只有一個」，不管是在什麼時代，在哪個地區或是什麼職場，解決問題的步驟都是相通的，這在前面已經提過，在此為大家進一步說明。

　　我的公司有來自日商或外商顧問公司的員工，他們雖然來自不同的公司，但解決問題的邏輯卻幾乎相同，這點很讓我驚訝，而且與客戶是大企業還是中小企業沒什麼關係，跟諮詢的主題是策略、業務流程改革、人事制度設計也沒有關係，思考的步驟可說是雷同。

　　光從這些例子來看，就能得出「顧問公司所採用的方法都一樣」這個結論。但更令我驚訝的是，與顧客聊過之後，也得到相同的結論。我除了與TOYOTA 汽車一起開發問題解決教材之外，也曾與許多企業討論，其中包含產業材料製造商、消費財製造商、貿易公司、金融機構，也有電力公司、電信公司這些負責基礎建設的企業，種類可說是五花八門，但解決問題的思考邏輯幾乎是大同小異，以 TOYOTA 汽車為例，不管是引擎設計、外國業務、公關還是開發部門，所有員工學到的問題解決步驟都是一樣的，職種的差異幾乎不會造成什麼影響。

　　接著為大家介紹另一個實例，就是研修課程的「自家業務的課題」的討論。某間綜合貿易公司為了替集團裡的各家公司培訓下個世代的幹部，定期舉辦「課題設定型問題解決」研修課程，學員必須針對在業務上遇到的課題發表解決方案。比方說，某位學員在財務會計類型的相關企業上班，他發表的是「製作合併會計報表的資料不齊全」的解決方案，另一位在便當包裝材

料貿易公司上班的學員則發表了「超商業績無法成長」的解決方案。另一位在其他企業的人事部門上班的學員則發表了「加班時數與加班費申請狀況乖離」的解決方案。雖然這些學員的業務內容與所屬部門都相去甚遠，但只要學會相通的問題解決步驟，就能替彼此提出許多具有建設性的意見，也能了解彼此，提供有益於業務的回饋。

由此可知，本書介紹的內容可於任何企業、任何立場的人與任何問題應用，是非常普遍與應用性極高的思考邏輯。只要學會這個「基本步驟」就能有效率、有效果地推動工作。

什麼是問題解決的步驟？

接著就為大家具體介紹問題解決的步驟。讓我們透過簡單的例子介紹吧。如果朋友問你：「最近身體不大舒服，我該怎麼辦？」你會怎麼回答？

這類問題的回答大致可分成四種：

（1）無法解決問題的回答

這部分屬於「沒事吧？」「很不舒服吧？」「這樣啊。」「很痛苦吧？」這類關心或同情對方的回答。從潤滑人際關係的角度來看，這類回答非常重要，但無助於解決問題，就算你回答「沒事吧？」「很不舒服吧？」你的朋友也不會因此恢復健康。這些回答都是日常所需的溝通，但從解決問題的觀點來看，完全幫不上忙。

（2）HOW：提供解決方案的回答

其次是「要不要去看醫師」、「最好吃點藥」、「多睡一點」這類回答，這些都是建議朋友採取具體行動，也就是提供朋友解決方案的回答，我們通常將這種回答稱為「該怎麼做？」的 HOW。乍看之下，只要執行這類對策，朋友就能恢復健康，但真的是這樣嗎？這類對策真的必要嗎？

（3）WHY：追究原因的回答

比方說，如果問題出在睡眠不足，那麼吃再多的藥，也不會恢復健康。如果是宿醉，不用去看醫師應該也能治好。在思考 HOW 之前，應該先想想

「身體不舒服」的原因，也就是思考 WHY。追究原因的回答通常是詢問過去的情況，也就是「晚上睡得熟嗎？」「該不會昨天喝太多？」的這類內容。原來如此，先思考 WHY 再思考 HOW 好像是對的，但劈頭就問「該不會昨天喝太多？」從 WHY 開始思考，真的好嗎？

（4）WHERE：鎖定問題的回答

如果朋友告訴你「背很痛」，有可能不舒服的原因只是喝太多。最後一種回答(質問)就是「哪邊不舒服？」「是頭在痛？」「是肚子痛？」這些回答屬於找出問題所在，也就是思考 WHERE 的類型。如果是頭痛，有可能不舒服的原因只是宿醉；如果是肚子痛，有可能只是吃太多。思考 WHERE 能更確實地找出 WHY，以及延伸出 HOW。所以要解決問題，從 WHERE 開始思考非常重要。

讓我們試著將上述的流程畫成圖 1-3。

為什麼從 WHERE 思考這麼重要？敏銳的讀者一定已經知道原因吧？不知道 WHY，就不知道 HOW 有沒有用。如果是簡單的問題或小問題，只需要思考 WHY 與 HOW 就能解決。以企業研修課程為例，新進員工或年輕人的課題，通常只需要思考 WHY 與

【圖1-3】如果朋友問你「最近身體不大舒服，我該怎麼辦？」

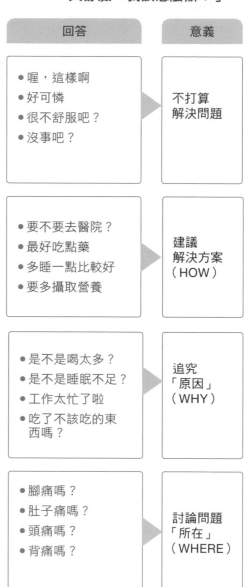

HOW 就能解決。

可是當問題愈複雜和廣泛，問題的 WHY 就會愈龐雜。以營業額高達數兆日圓的綜合電機製造商為例，若是從 WHY 開始思考「業績無法成長」這個問題，實在不難想像會出現多少個 WHY，所以此時要先問「業績無法成長」是「哪裡的業績無法成長」，如果不先縮減 WHERE 的範圍，WHY 就會多到無法討論。

解決問題的三個步驟

綜合前述的說明之後，解決問題可分成以下三步驟：

（1）WHERE：問題所在之處？
（2）WHY：造成問題原因是？
（3）HOW：那麼該怎麼解決？

這些步驟的細節會從第二章開始依序說明，在此先為大家整理大致的流程。

【圖1-4】解決問題的基本三步驟

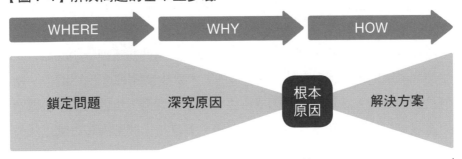

（1）WHERE：縮減問題範圍，取得共職

第一步先思考問題在哪裡與鎖定問題。如果不先釐清問題，引起問題的原因可能多不勝數，如此一來，就得想出更多的方法才能解決問題，會有治絲益棼的盲點。從大範圍一步步鎖定問題出處的思維有時稱為「哪裡哪裡分析法」，所以請大家務必記得一開始先「縮減問題範圍」。以某間連鎖咖啡廳業績下滑的問題為例，建議的思考邏輯如下。

業績持續下滑
東京都市圈的業績持續下滑
東京都市圈的男性業績持續下滑
東京都市圈的三十幾歲男性的業績持續下滑

可依照上述的流程一步步縮減問題的範圍。

曾有人問我：「明明問題那麼多，像這樣縮減問題，豈不是只能解決一部分的問題，這樣可以嗎？」這是正中要害的問題，但我還是建議縮減問題的範圍，因為「不斷將問題拆解成小問題，再一個個解決」是解決問題的不二法門。請務必提醒自己「不要在尚未釐清問題之前，就一股腦地想解決問題」。

順帶補充一點，自己一個人的問題或影響範圍不大的問題，都算是「小問題」或「範圍經過縮減的問題」，這些問題有時能很快跑完上述的流程，但這種問題畢竟是少數，企業會遇到的問題通常牽動很多人，牽涉範圍非常廣泛。所以請大家務必記得在一開始就先「縮減問題範圍」，這也是非常重要的步驟。

縮減問題範圍之後，別忘了與大家達成「問題就在這裡」的共識。企業無法順利解決問題的原因之一，就是「事後才說我覺得問題不在這裡」。當大家無法達成共識，就無法對原因或解決方案達成共識，也就無法解決問題。所以當我們以俯瞰的角度綜覽眼前的問題，並且找出問題所在之處以及最該先處理的問題之後，請務必與大家「取得共識」。

（2）WHY：深究原因

縮減問題的範圍之後，接著是思考引起問題的原因。這個步驟與「哪裡哪裡分析法」呼應，稱為「為何為何分析法」。讓我們再以剛剛的連鎖咖啡廳為例。

為什麼東京都市圈（包括東京都、神奈川縣、千葉縣、埼玉縣，另稱東京都市圈或一都三縣）的三十幾歲男性業績持續下滑？→ 因為來客數減少
為什麼來客數會減少？→ 沒有讓他們再次光臨的機制
為什麼會沒有這種機制 → 因為沒有具體的創意
為什麼沒有具體的創意？

可依照上述的流程一步步深掘原因。

後續會為大家進一步介紹 WHY 的重點，在此請大家先記住「廣泛且深入地探討原因」這件事。

TOYOTA 汽車也有「為何為何要問五次」這句話，意思是，「為何」要問五次，不斷深掘原因，才能找到最根本的原因。我想是不是「五次」其實不大重要，但只問一、兩次「為何」，恐怕只能找到表面的原因，所以才故意說成「五次」，讓人覺得可以直擊事物的本質。

此外，「廣泛」地思索各種可能也是非常重要的環節。在討論 WHY 的時候，很容易犯下「過於武斷」的錯誤。WHY 是原因，通常是過去的事情，所以只要沒有確切的證據，我們很常自以為是地認為「這就是原因吧」。先前介紹 HOW 思考陷阱之際也曾提過，一旦根據過去的直覺或經驗做出「這就是原因」的結論，那麼不管之前的分析有多麼符合邏輯就會失去意義。根據手上的資訊，廣泛地探索各種可能，找出「真正的原因到底是什麼？」的態度是非常重要的。

（3）HOW：該如何針對原因執行有效的對策

最後讓我們想想 HOW 的部分。

當我們廣泛而深入地在 WHY 的階段找出原因之後，接著要擬定各種因應的對策。讓我們再以連鎖咖啡廳為例：

要如何提出具體的創意

尋求專家意見

由負責的部門思考

在公司內部徵稿

向公司外部徵稿

對顧客實施問卷調查

大致是這樣的流程。

要請大家注意的是「不能到最後的最後才開始做 HOW 思考」。

比方說，執行「既然東京都市圈的上班族不來光顧，那就請女偶像來辦活動」這類神來一筆的對策，恐怕會惹來「這只是因為你喜歡那位偶像吧？」的非議。沒有人知道這種突然想到的對策是否有助於解決問題。

在前述的例子裡，我們找到的原因是「提不出（讓東京都市圈的三十幾歲男性願意再度光臨的）點子」。所以針對這個原因擬定多個對策之後，要從中挑出成效最明顯、費用較便宜、最快有效果的對策。

這種「在最後的最後才思考 HOW」的情況非常多。這也算是在最後的關頭掉以輕心，所以我們都要了解什麼是「HOW 思考陷阱」，慎重擬定對策。

注意 HOW 思考陷阱

在許多人身上看到的 HOW 思考

實際遇到問題時，我們會想什麼？如果問題是「存款太少，想多存點錢該怎麼做」，大部分的人應該會立刻想到「節儉一點」對吧？

但我建議大家再仔細想一下，這個 HOW 是否真的有效，也就是「節儉」真能如預期地多存點錢嗎？如果原本過得很奢侈，節儉一點的確存得了錢，但如果平常就已經過得很樸實，「節儉」能否讓我們多存點錢，恐怕就得打上問號。

遇到問題的時候，大部分的人都急著提出解決方案，也就是本書所說的HOW，開場故事一的多媒體事業部高橋事業部長也為了提振業績而實施了「增加拜訪客戶次數」、「透過社內網路分享資訊」與「製作市占率表」這些對策，還很有自信地為戶崎介紹了這些策略，但其實這些臨時抱佛腳的解決方案通常都不會奏效。最常見的就是：

電力不足 → 那就切斷自動販賣機的電源

這類想法，但是就算關掉自動販賣機，也無法解決電力不足的問題。這裡提及的電力不足是指夏季平日下午兩點至四點的用電高峰，自 1990 年代開始，就為了節約用電高峰時的電力而關掉自動販賣機的電源，卻仍無法在電力節約上有明顯的貢獻。還有其他的例子。

業績上不去 → 多打一些推銷電話

就是其中一例。多打一些推銷電話當然不會沒用，但改善「電話行銷話術」或「提升陌生拜訪之際的企畫書的品質」，或許比「多打一些推銷電話」的方式更能提升業績。

我們稱這種未能深思，就急著擁抱現有對策的思考特性為「HOW 思考」（圖 1-5）。顧名思義，就是急著思考 HOW（該怎麼做？）的意思。一旦陷入「HOW 思考」，就會受限於過去的惰性與慣性，忙著執行一連串的對策。

注意 HOW 思考陷阱

「HOW 思考」是一種未依照解決問題的步驟，急著執行眼前方案的思維，但這種思維卻藏著很大的陷阱，陷入下列的困境：

（1）執行無助於解決問題的對策

（2）沒辦法解決問題的時候，想不出代替方案

一旦掉進「HOW 思考陷阱」，再怎麼掙扎也很難逃出來。

執行無用的對策
拿不出成果
因為心裡著急，又執行無用的對策
更沒時間思考
繼續執行一連串無用的對策

請大家不要誤會，我的意思不是說 HOW 不重要。要拓展生意，當然需要理想的 HOW，HOW 也非常重要。我想說的是，一旦走火入魔太重視 HOW，就會掉入「HOW 思考陷阱」。

接著以具體的例子，為大家解說「HOW 思考陷阱」。

比方說，上司要求不會說英文的你學英文，於是你下定決心，要好好準備多益（TOEIC）考試。讀了幾個月之後，總算考到你預設的分數，但是接到

【圖1-5】什麼是 HOW 思考

國外打來的電話還是無法應對，所以上司又念你：「準備多益考試已經這麼久，你怎麼還是不會說英文？」為此焦慮的你開始去上英語會話課，也學到能以電話溝通的程度，但上司又要求你「寫英文書信」，不知道英文商業書信該怎麼寫的你簡直求助無門，於是上司便語重心長地對你說「算了」，你也被上司貼上「不會英文」的標籤。

這個例子就是「HOW 思考陷阱」的（1），也就是拚命改善，卻徒勞無功的代表案例。

話說回來，上司到底是覺得你哪裡「不會英文」呢？是覺得你不會閱讀？不會寫作？不懂會話？還是聽力不好？如果是閱讀能力不佳，那是讀不懂英文郵件、商業文件還是規格書呢？不先釐清這個部分，就等於「不知道問題出在哪裡」，此時不管做了多少努力，都是「暗夜發射砲彈」，無法回應上司的要求。

接著再為大家舉例說明相當於「HOW 思考陷阱」的（2）：如果某位客人在居家生活中心問「有沒有直徑一公釐的鑽頭」。剛好這個鑽頭賣完了，所以店員便回答「真是不好意思，賣完了」，顧客也只好死心，轉頭回家。其實就某種意義而言，這種很常見的場景其實也是一種「HOW 思考陷阱」。請大家稍微思考一下，顧客的問題是什麼，問題的原因又是什麼？為什麼顧客會想買「直徑一公釐的鑽頭」？

比方說，這位顧客想用大頭釘把畫框掛在牆上，卻因為畫框太重，一直掛不上去，所以才想將大頭釘換成螺絲，而要換成螺絲，就必須先在牆壁鑽孔，也才需要「直徑一公釐的鑽頭」，這也是顧客的 HOW。如果了解這類藏在背後的因素，居家生活中心就能針對「畫框太重」的問題根源，提供顧客「換成大頭釘也能固定的輕型畫框」這類對策。如果顧客就是喜歡現有的重型畫框，就能針對「大頭釘固定不住」的根源，提供「要不要買強力黏著劑？」的對策。此外，除了鑽頭，還有「螺絲錐」或是「打孔器」這類能用來鑽孔的工具，也可以建議顧客改用「攻牙螺絲」，就不用先在牆壁鑽孔。若能像這樣了解知道顧客的問題和根源，就能提供顧客各種替代方案，而不是只對顧客說「沒辦法」或是「對不起」。

請大家回想一下身邊的人，應該會發現有些人礙於常規，只懂回應「真是抱歉，沒辦法」。有些人卻能順藤摸瓜找出對方的問題，再針對對方提出的

HOW 提出「建議方案」，這或許意味著老是說「真是抱歉」的人，其實不是「不夠敏銳」，只是陷入「HOW 思考陷阱」而已。

如今的企業也瀰漫著 HOW 思考的風氣，以至於有學員要求我們安排「杜絕 HOW 思考」的課程。基於 HOW 思考實施一連串對策或許還是有機會解決問題，但老是以這種「暗夜發射砲彈」的方式工作，總有一天會彈盡援絕，因為不管是職場還是日常生活，資源都是有限的，等到金錢、時間與精力耗盡，那就為時已晚。

請大家先確定自己是否陷入「HOW 思考陷阱」，也記得告訴身邊的人「WHERE、WHY、HOW」這個流程，讓身邊的人遠離「HOW 思考陷阱」。這是在企業解決問題最重要的環節了。

陷入 HOW 思考陷阱的三個原因

接著讓我們想想，為什麼人會陷入 HOW 思考陷阱。原因有很多，歸根究柢，企業是追求利潤的組織，在企業工作，就必須拿出「業績提升」、「成本下降」這種具體成果，即使是現在的日本，也沒有企業能夠容忍冗員。一旦員工被要求創造成果，通常會立刻思考「怎麼做才對？」也就是所謂的 HOW 思考，但是當我們在企業工作愈，愈容易有 HOW 思考的傾向。就某種意義而言，這是身為上班族就一定會遇到的問題，但是會掉入 HOW 思考陷阱可不只是這個原因。接下來，為大家介紹三個主要原因：

（1）過於依賴直覺或經驗

第一個原因就是「過於依賴直覺或經驗」。應該沒有人不知道工作的 WHERE 與 WHY。多數人心中都有「工作的問題在這裡、原因是這個，所以應該這麼做」的工作腳本，當這個工作腳本行得通，依賴「直覺與經驗」比較能快速完成工作，但是當「環境改變」，就容易出現問題。

明明 WHERE 與 WHY 的部分已經與現實脫勾，卻未能察覺，還一直告訴自己「一直以來都是用這個 HOW 解決問題的」，結果就是掉入 HOW 思考陷阱。這種情況很常在經歷過急速成長期的企業幹部身上看到，但請大家記得「直覺與經驗」並不是一切。

（2）不負責任、不感興趣

其次常見的是「不負責任、不感興趣」的原因。這類型的人覺得 WHERE 與 WHY 的部分該由別人負責，滿腦子只有「反正上司或企畫部門的負責人會先想好 HOW，我聽命行事就好」，但其實這樣的人很容易掉入 HOW 思考陷阱。

企業的問題通常與整間公司有關，就算是某個部門的問題，只要深掘一下，往往會發現問題的原因與其他部門有關，所以全體員工若不能把別的部門或別人的工作當成「分內之事」，就無法傾整個企業之力解決問題。「不負責任、不感興趣」會拖慢企業的效率，降低生產力，連帶著會導致產品的品質下滑，說得更極端一點，也會影響到員工的薪水，所以讓員工思考這些事，擁有俯瞰全局的思維是非常重要的。

（3）HOW 指示

最後也最重要的是「HOW 指示」，這應該也是企業的致命傷，也是主管的通病。所謂的 HOW 指示就是完全不說明 WHERE 與 WHY，只下達「你照做就好」的指示。因為主管很忙、說明來龍去脈很麻煩，所以有很多只下達 HOW 指示的企業和主管。

雖然 HOW 指示比較簡單明瞭，但這麼一來，部屬就不再思考，久而久之，企業就無法解決問題。有時候的確會遇到不得不採用 HOW 指示的方式工作，但那畢竟只能應急，中長期的解決方法，還是得在 WHERE 這個步驟指示說明「問題在這裡，你想想原因是什麼」，或是在 WHY 這個步驟指示說明「問題在這裡、原因是這個，你想想對策吧」方式，幫助部屬增強實力。

重點在於停下腳步、冷靜思考

我們已經知道掉入 HOW 思考陷阱的原因，但再怎麼習慣 HOW 思考的人，有時候也會採用解決問題的步驟來解決問題，比方說，突然肚子痛的時候，大部分的人應該會先想「昨天吃了什麼？」也就是思考所謂的 WHY。完全不想自己吃了什麼就吃藥或是去醫院的人，恐怕是打從骨子裡習慣 HOW 思考的人，但這樣的人應該少之又少。

希望大家記住的是，不管是日常生活還是在職場，愈是焦頭爛額的緊急情況，愈是該提醒自己「稍等一下」，並且反問自己「這個問題的 WHERE 和

WHY 到底是什麼啊？」

　　這跟肚子痛的時候先想「到底吃了什麼」是一樣的道理，千萬別突然想到什麼就做什麼。正所謂「欲速則不達」，愈焦急，愈容易掉入 HOW 思考陷阱，也愈浪費時間，愈難以從陷阱脫困。

　　整間公司都掉入 HOW 思考陷阱的情況不算少見。由於業績低迷而急得如熱鍋上螞蟻的經營者，會在現場發號施令，但這些解決方案都沒有對症下藥，所以沒辦法解決問題，還浪費不少成本，也就更無法創造業績，於是經營者更急著在現場指揮。如果你覺得「這簡直在說我們公司」，請務必狠下心來、停下腳步、解決問題。這麼做絕對是捷徑。如果不斷然斬開這個惡性循環，就絕對無法從 HOW 思考陷阱脫困。

利用解決問題的步驟推動工作

你的思考模式屬於哪一種？六種思考特性

前面提過，解決問題的基本步驟為「WHERE、WHY、HOW」，但不同業種或立場的人各有自己擅長與不擅長的步驟，所以可組合出六種特徵各有不同的思考特性。

請大家回顧一下過去的自己，思考一下「自己屬於哪種思考特性」：

（1）HOW 思考

這是不斷提出對策的類型。這類型的人不大理會問題的癥結與原因，只是一味地提出各種方案，創投公司、銷售公司、公關公司的員工通常屬於這類型。

「就算想找出原因，也沒有前例可循」、「能執行的對策就是那幾種，能改善的部分很有限」、「面對的是人的心情，所以就算想找出原因，也找不到原因」、「出問題的部分與造成問題的原因不需要多講也知道答案」，在上述的情況下，我們很容易陷入 HOW 思考，也會出現「再怎麼想也沒用」、「不做看看怎麼會知道」、「反正只能這麼做」、「先做再說」的迷思。

有些工作的確可以這麼做，但不代表什麼工作都能利用 HOW 思考的模式完成。讓自己冷靜下來，思考問題的 WHERE 與 WHY，是非常重要的事情。

（2）銅板翻面

這是擅長找出 WHERE 與 HOW，也就是不擅長找出 WHY。這類型的人通常想法很直覺，舉例來說，他們會覺得「既然情侶套餐賣得不好，就辦一些適合情侶參加的活動」，不會進一步思考情侶套餐賣得不好的原因，想法總是「情侶套餐的業績減少 → 辦一些適合情侶參加的活動，業績就會上升」。這種遇到銅板正面的問題，就拿銅板背面的答案來回答的模式稱為「銅板翻面」的思考特性。

金融業、貿易公司的員工很常是這種思考特性，尤其在企畫部門或管理階層身上特別常見。WHERE 是一種「綜覽全局」的能力，而這類型的人也具備這種能力，但他們沒興趣探求問題的原因，只習慣先訂出大方針，「之後就

交給第一線去執行」。

　　金融業與貿易公司的員工常需要決定投資方向，所以培養出綜覽全局的眼光，但執行細節通常會交給公司負責，所以很常是這種思考特性。企畫部門、管理階層也一樣擁有俯瞰全局的能力，但通常只擬出大方向，其他的細節就交給第一線的員工執行。或許他們負責的業務會促使他們如此思考，但還是建議他們多想想問題的 WHY，別掉入 HOW 思考陷阱。

（3）莫名決定原因

　　這是跳過 WHERE，突然從 WHY 著手的思考類型。這是在遇到問題的時候，先從「原因」開始思考的類型。若以職種舉例，通常是製造商的技師或是系統整合人員。若以立場而言，年輕員工或會計、人事這類專業部門通常會是這種思考模式。

　　「專業領域與負責的工作是固定的」、「現在的業務之所以能如此順利，是奠基於過去的經驗與改革」，這些立場的人很習慣在自己的小天地裡看事情，所以總是會跳過縮減問題範圍的步驟，直接分析問題的原因。如果是小問題，直接從 WHY 著手或許還能解決，但如果是大問題，就很容易「從一開始就走錯方向」，無法對症下藥。

（4）凡事先分析再說

　　這是擅長 WHERE 與 WHY 的類型，也就是不擅長找出 HOW 的類型。這些人懂得如何找出問題，也能分析問題的原因，但一要求他們想辦法解決，他們就束手無策，也很不擅長執行對策。

　　如果以業種比喻，公務機關、顧問公司或金融機構都屬於這類型的思考模式。倘若以立場比喻，企畫部門的員工通常屬於這類型。如果他們願意思考到最後才說「我實在想不到解決方案」那也就罷了，最怕的是他們「只提出問題，之後就撒手不管」，這態度實在令人不敢恭維。這類型的人需要逼自己多蒐集資訊，盡可能地嘗試不同的創意，要求自己提出實用的 HOW。

（5）片段式思考

　　這類型的人懂得思考 WHERE、WHY、HOW，卻將這三個步驟拆開思

考，所以擬定的 HOW 無法解決在 WHERE 這個步驟找到的問題，或提出的 HOW 與造成問題的原因完全沒有關係。這類型的人有「見樹不見林」、過於執著細部卻沒發現整體不連貫的問題。大部分的業種或職別都不會出現這種思考模式，但年輕員工或技術、會計這類專業程度較高的人或組織就很常見。

若解決問題的方法只學了皮毛，就容易陷入這種思考模式。由於他們的思考很片段，所以到了最後還是無法解決問題，於是他們便會拋棄好不容易學會的問題解決方法，覺得這些方法「都不實用」。本書會繼續介紹 WHERE、WHY、HOW 這三個步驟，請大家務必提醒自己，不要陷入這種片段式思考的模式。

（6）問題解決型思考

就是能連貫地全面檢討 WHERE、WHY、HOW 的類型，請大家務必學會這種思考模式。

以上為大家說明了六個類型，也已經整理成圖 1-6，請大家想想自己屬於哪個類型，並且透過學習補強自己的弱點。

【圖1-6】六種思考特性

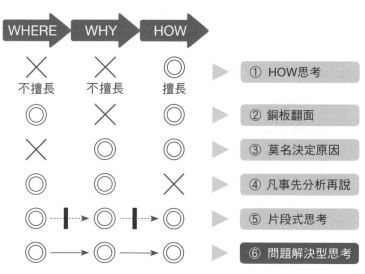

截長補短，互補有無

如果能所有人一起解決問題，當然是最理想的結果，但每個人都有擅長與不擅長的部分，所以最好能在組織之內互補有無。

比方說，擅長 WHERE、WHY 分析的員工可與擅長 HOW 的智多星員工搭配，就能發揮效果。一開始先由擅長分析的員工分析資訊，找出 WHERE 與深掘 WHY，但是若繼續思考 HOW，有可能會碰壁，此時可找來擅長 HOW 的員工提出大量的點子，補足空白之處。

根據分析結果與腦力激盪的結果討論出最佳的對策之後，就能為組織創造超越個人的成果。

企業在解決問題時，很少單打獨鬥，最好能以團隊的方式解決問題，而為了要組合優質團隊，請務必運用上述的「六個思考特性」。

使用共同語言

「解決問題要以 WHERE、WHY、HOW 的步驟思考問題」，讓這個方針成為全體員工的共同語言是非常重要的一環。以前面的例子而言，如果「擅長 WHERE、WHY 的員工」與「擅長 HOW 的員工」之間，對於解決問題的步驟沒有共識，會得到什麼結果？擅長 HOW 的員工突然提出 HOW，擅長 WHERE、WHY 的員工在完成分析之前，都無法繼續後續的步驟。雙方的溝通若不順暢，就無法締造任何成果，其實我看過很多企業之所以工作效率不彰，都是因為沒有讓解決問題的步驟成為共同語言。

相反地，也有讓解決問題的步驟徹底成為共同語言，讓工作效率大幅提升的企業。以先前介紹的 TOYOTA 汽車為例，他們將原創的解決問題方法稱為豐田式問題分析與解決方法（Toyota Business Practices，TBP），而豐田式八步驟問題解決法（Toyota 8 Steps）則是解決問題的方法之一。由於這個 TOYOTA 8 STEP 的方法已於整間公司普及，所以 TOYOTA 這間公司的工作效率也非常高。

本書介紹的 WHERE、WHY、HOW，相當於 TOYOTA 8 STEP 的 STEP2、4、5，公司都會透過「STEP2 做得不夠好」、「在思考 STEP5 之前，先從 STEP4 思考」這種共同語言回饋業務與部屬。據說不管是新進員工、菁英員工、公司幹部還是其他階層，或是開發、生產、業務、財務會計、公關

與其他部門，所有員工都曾學過 TOYOTA 8 STEP 這個問題解決方法。就連二○一三年 TOYOTA 汽車社長豐田章男也曾在剛進入公司的時候，學習這套解決問題的思維。由於 TOYOTA 上至經營高層、下至新進員工的思考邏輯，在數十年之內維持一致，所以才能如此有效率地推動相關業務吧。

為了找出更佳的問題解決之道

除了步驟之外，還要重視「邏輯與資訊」

為了找出更佳的問題解決之道，在此為大家補充說明一下。到目前為止，已為大家介紹了解決問題的步驟，想必大家也已經了解，比起劈頭就從 HOW 開始思考，依序從 WHERE、WHY 開始思考更能締造理想的結果，但是要想締造更優質的成果，就有必要重視「邏輯與資訊」。

請大家先參考圖 1-7，注意問題解決流程之中的「圓圈與線條」。在這張圖裡，圓圈代表的是「資訊」，線條代表的是「邏輯」，有時會說成 FACTOR 或是 LOGIC，但簡單，就是數學裡的數字與算式。

根據解決問題的步驟思考問題時，必須針對「真的是這裡出問題嗎？」「這個真的是造成問題的原因嗎？」「這個對策真的有效嗎？」這三個重點徹底蒐集資訊，建立討論的邏輯，才能找出更優質的方法解決問題。

若能徹底蒐集資訊與建立邏輯，不僅自己能得到「肯定就是這樣沒錯」的，還能「說服身邊的人」。由於企業的問題通常不是一個人就能解決的問題，所以利用資訊與邏輯說服身邊的人一起解決問題也是非常重要的關鍵。

圖 1-7 下方還有「蒐集資訊」的箭頭，「鎖定問題所需的資訊」、「查明原

【圖1-7】解決問題的步驟與資訊的關係

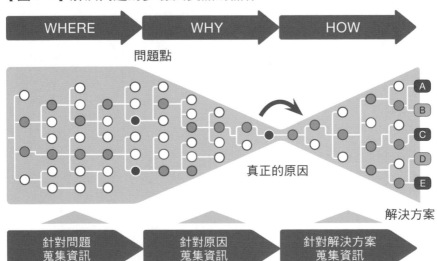

因所需的資訊」、「擬定對策所需的資訊」都是不同的，所以就算要「蒐集資訊」，也得依照討論的情況，按部就班蒐集資訊。

若以剛剛連鎖咖啡店的「業績下滑」為例，得先請公司內部的所有部門以及全國門市提供與業績有關的資訊，先找出「哪裡出了問題」。

如果知道問題出在「東京都市圈三十幾歲男性的業績」，接著要分析東京都市圈的狀況，或是調查三十歲男性的消費習慣，以及對實際來店的顧客進行問卷調查，蒐集各種查明原因的資訊。

一旦知道「無法想出具體方案」是造成問題的原因之後，接著可試著詢問有沒有擅於宣傳商品的公司或是在公司內部募集點子，進一步蒐集擬定解決方案所需的資訊。

要注意的是，若不徹底重視解決問題的步驟，很有可能會蒐集到牛頭不對馬嘴的資訊，比方說，明明是男性方面的業績下滑，結論卻是「為了提升業績，在女性時尚雜誌刊登廣告吧。先調查有哪些女性時尚雜誌」，本書也會適時地為大家介紹「邏輯」與「資訊」的使用方法。

解決問題的高手可透過假說思考「隨心所欲」地調動順序

最後要為大家介紹一下解決問題的高手。問題解決高手會為了更有效率地討論而「隨心所欲」地調動討論的順序。到目前為止，本書都建議大家依照 WHERE → WHY → HOW 的步驟解決問題，但是等到大家習慣這個流程，就能跳脫順序，從任何一個步驟開始討論，最後還能把討論結果串起來，而這種討論方式在職場也通常比較有效率。

比方說，當你直覺認為「這個對策應該有效」，就著手執行這個對策，這種思考模式就是所謂的 HOW 思考，也是不可取的思考模式，但是當你先停下腳步思考「這個對策真的與原因呼應嗎？」接著進一步逆向思考「這個原因真的與眼前的問題有關嗎？」之後，得出「這個對策沒問題」的結論，那麼這個對策當然就能付諸執行。

上述的步驟雖然是從 HOW 逆推，但其實在思考 WHY 之後，可以同時思考前後的 WHERE 與 HOW，意思就是只要確定解決問題的三個步驟是連貫的，要從哪個步驟思考都沒問題。

細節請大家參考拙著《精準表達》第三章「驗證假說能力」，不過這就是

所謂的「假說思考」，也就是跳脫 WHERE → WHY → HOW 的思考流程，先利用「假說」決定 HOW 或 WHY，之後再「驗證」想法是否正確的思考流程。

假說思考能有效率地進行討論，也是問題解決高手為了更有效率地解決問題所採用的方法。

容我重申一次，請大家務必提醒自己「避開 HOW 思考陷阱」。「不檢驗假說的正確性就執行對策」也就是「不顧 WHERE 與 WHY 的連貫性，劈頭就執行神來一筆的 HOW」是絕對不該犯的錯誤，這也是不管多麼熟悉問題解決流程，都要避開的錯誤。

！

第一章重點整理

1　解決問題是上班族必備的「工作方式」

2　問題解決三步驟為 WHERE、WHY、HOW

3　在 WHERE 這個步驟找出問題、在 WHY 查明原因、在 HOW 擬定對
　　策

4　我們的思考邏輯很容易偏向 HOW，所以要留意「HOW 思考陷阱」

5　要注意「直覺與經驗」、「不負責任、不感興趣」、「HOW 指示」

6　讓解決問題的步驟化為「共同語言」，透過組隊的方式截長補短

7　要找出更優質的方案，可重視邏輯與資訊，同時運用假說思考

第二章
找出問題

找出問題的人

該從哪邊切入才好？

　　戶崎之後又舉辦了二次深度訪談，試圖了解多媒體事業部的狀況，但得到的訊息都是「現在正在執行的對策」，還是無從得知「問題出在哪裡」、「問題的原因是什麼」。心想再這樣下去將毫無進展，於是決心與大谷部長商量。

　　「想跟部長商量的是多媒體事業部的事情。之前已經召開會議，但仍無法了解情況。多媒體事業部陷入所謂的 HOW 思考，怎麼談都是在講對策，我覺得把所有事情交給他們，恐怕無法打破眼前的僵局，所以希望能與經營企畫部組成共同檢討團隊。」

　　大谷部長向高橋事業部長詢問意見之後，當天下午就告訴戶崎結果。

　　「高橋部長說 OK，他希望讓事業部的年輕人組成共同檢討團隊，讓這些年輕人有機會從經營企畫的角度接受磨練。」戶崎聽完之後，便安心地向大谷部長道謝。

　　隔天早上，戶崎帶著進入經營企畫部第二年的星田千繪前往多媒體事業部，事業部則派出安達課長、浪江剛、山邊麻由美參加會議。如此一來，找出多媒體事業部問題的共同檢討團隊總算在這五名成員之下組成了。

問題與原因有何不同？

　　戶崎立刻召開會議，並且在會議的一開始說明問題解決三步驟。在他說明希望依照「WHERE ＝問題到底在哪裡？」「WHY ＝問題的原因是什麼？」「HOW ＝所以該怎麼處理？」的流程討論之後，便從「WHERE ＝問題到底在哪裡？」的步驟開始討論。率先提問的是安達：

　　「我認為問題在於客戶提出的折扣超過我們所能承受的範圍。最慘烈的例子之一，就是客戶居然在第四季的時候，要求我們降價百分之五，真希望客戶也能稍微體貼我們公司。」山邊接著說。

　　「我整理了市占率這兩年來的數字之後，覺得問題在於與中國當地製造商的競爭。最近有些客戶也說，這些中國製造商的產品愈來愈好，品質簡直與

我們公司的產品不相上下。」戶崎聽完之後立刻接著說。

「請等一下，現在是找出問題在哪裡的步驟，而所謂的問題，是多媒體事業部的業績有哪裡出了問題，客戶要求降價或是中國的競爭對手出現，是業績下滑的原因才對吧？」戶崎原以為自己的解釋很簡單扼要，沒想到安達與山邊還是一臉茫然，所以只好進一步說明：

「舉例來說，這裡所說的問題應該是 SUNY 的業績下滑或是 CD-R 的銷路不佳才對。我希望大家先從哪個部分的業績下滑開始討論。中國的競爭對手或是削價競爭都不是『問題』而是『原因』，我們不該莫名地從原因開始討論，而是得先釐清哪裡出了問題。」

「也就是說」浪江接著回答：「先徹底分析數字，從各個角度找出業績下滑的產品吧？」

「就是這個意思。」

由於當天沒有準備相關數據，所以會議只好在多媒體事業部先從各個切入點準備資料的結論下結束。

漏洞百出的分析

第二次會議於隔週召開。這次會議的目的是一邊檢視相關數據，一邊找出「哪裡出了問題」。首先由安達進行說明。

「我帶了一些我覺得可能有用的資料，請大家先參考圖 2-1。這張表格整理了這一年來，與主要顧客之際，各項產品的交易價格下滑狀況，大家不覺得這種下滑趨勢很異常嗎？」

「原來如此，的確很異常」，儘管戶崎嘴上這麼說，卻還是難掩困惑地問安達：「安達先生，我們公司的客戶只有這三家嗎？」

「當然不是，還有很多家啊，除了這三間公司之外，還有藤田 Film 或 JVD 這些大客戶。」

「原來如此，那表格裡的這三家客戶占整體營收幾成呢？」

「呃……粗估有六成。」

「意思是，這張表足以說明六成的業績囉？」戶崎進一步確認了這點。

「呃……應該沒辦法，我的意思是，這三家的業績加起來應該有六成，但列在這張表格裡面的產品並非所有產品，所以應該不足以代表整體業績。」

明明是分析事業部的業績出了什麼問題，端上來的卻是這種漏洞百出的資訊，看來他們肯定忽略了一些問題。

於是，戶崎建議：

「安達先生，為了不在討論 WHERE 的時候有任何疏漏，一定要鉅細靡遺地找出所有問題再開始討論，所以讓我們先討論事業部的整體業績。」

由於山邊整理了事業部的整體業績資料，所以就根據這份資料開始討論。

看不見的切入點

「首先要請大家看的是依照顧客分析營業額趨勢的圖 2-2，」山邊開始說明：「接著是要請大家看各商品分類的營業額趨勢分析圖，也就是圖 2-3。」

看起來與安達的圖很像，但直軸囊括了「所有」項目，似乎沒有什麼疏漏之處。不過，除了 DVD 的營業額是成長的，其他的數字幾乎都是下滑，如果只有這樣的數據，實在不知道該從哪裡切入，才能找出問題。

「我可以從圖中看出 DVD 的業績成長，但不管是從顧客分類的表格還是產品分類的表格來看，都只能知道業績下滑，到底問題出在哪裡呢？」

戶崎雖然如此發問，但現場卻陷入一片沉默。

「如果只是這些數據，那麼恐怕還是找不出問題。在進行這類分析時，必

【圖2-1】各產品與主要顧客交易之際的價格變化　　單位：日圓／個

顧客名稱	產品名稱	2002/2Q	2002/3Q	2002/4Q	2003/1Q
SUNY	TS-60	39.5	39.4	39.1	38.7
	TS-90	44.4	42.9	41.4	40.0
	CDRWS	51.3	50.8	50.4	50.0
	DVDRS	.60.2	58.3	56.2	54.6
TEK	CDRT	39.4	39.1	38.6	38.3
	FDT-3.5	36.5	35.1	33.9	32.7
Verbit	FDH-3.5	39.1	38.6	37.8	37.0
	CDRWH	47.5	46.1	45.0	43.9
	DVDRH	55.7	53.2	50.9	48.6

須針對某個部分不斷向下探討，才能釐清問題所在。這次雖然從顧客與產品切入，但還是看不出問題所在。」

理解速度較快的山邊立刻聽懂戶崎真正想表達的意思，也陷入「這樣的確找不出問題」的長考。

我們到底想要釐清什麼？

由於會議還有一點時間才結束，所以戶崎提出一個建議。

「這次很感謝大家蒐集了各種資訊，但要找出問題，似乎還差一步，所以為了在下次會議進一步分析，請大家思考一些，該從哪個切入點找出問題。」

「切入點嗎？」山邊若有所思地回應：「是顧客或產品這類切入點嗎？」

「是的，要請大家想想，該從哪個角度觀察，才能找出利潤下滑的原因。」

因此全體開始尋找各種切入點。業務方面的切入點包含顧客、產品以及民生用、營業用這類用途或是日本、歐洲、美國這類出貨地點，而生產方面的切入點則是工廠、生產線，至於技術方面的切入點則是媒體的類型，例如燒錄型、複寫型或是磁碟容量與製作材質的種類。從各個方面找出切入點，之後再從這些切入點進行分析。

戶崎確認這點之後，又順便提醒了大家：「之後讓我們想想，該根據哪些

【圖2-2】各顧客業績推移情況

顧客分類	2002 年營業額（億日圓）	2005 年營業額（億日圓）	年增減率（％）
SUNY	77	59	▲ 8%
Verbit	68	52	▲ 9%
imotion	52	41	▲ 8%
TEK	38	30	▲ 8%
藤田 Film	21	16	▲ 9%
JVD	18	14	▲ 8%
其他	12	8	▲ 13%
合計	286	220	▲ 8%

論點鎖定問題吧。具體來說，就是『與什麼比較之後，才發現是問題』的部分。在這次的分析之中，就算拿 DVD 過去的營業額來比較，也只知道 DVD 的營業額是成長的，看不出有什麼問題，而且其他產品從過去到現在的營業額也都是下滑的，所以同樣看不出問題。不過，若從 DVD 市場急速擴張這點來看……」

趁著戶崎欲言又止之際，山邊立刻接著說：

「只有這麼點成長，市占率說不定反而是下降的，有可能這才是問題吧，而且卡帶與磁碟片的市場是明顯萎縮的，但 CD 的市場可不是這樣，所以卡帶與 CD 的衰退率若一樣，那麼 CD 的問題說不定比較大。」

大家紛紛點頭後，戶崎接著說：

「如果能夠連市場的成長率與市占率都算出來，應該有助於找出問題。」

「那我這邊就先試著調查這些資料。」山邊回答之後，會議就結束了。

總算看到一道曙光

上次會議結束之後的二週左右，浪江與山邊在星期三這天來到經營企畫部。

「戶崎，我總算找到問題了！整個過程可是大費周章。」山邊的聲音相當高昂，戶崎也感受到這股興奮。

山邊將資料交給戶崎說：

【圖2-3】各產品營業額

產品分類			2002年營業額（億日圓）	2005年營業額（億日圓）	增減（％）
碟式儲存媒體	光碟	CD	182	118	▲ 13%
		DVD	25	60	34%
	磁碟	FDD	16.5	8.5	▲ 20%
		MO 和其他	2.5	1.5	▲ 16%
帶式儲存媒體	錄音帶		7	4	▲ 17%
	錄影帶		53	28	▲ 19%
		合計	286	220	▲ 8%

（參考圖 2-4）「CD 與 DVD 以燒錄型的 R 與複寫型的 RW 分類，錄影帶的部分則以家用與營業用分類。」

「原來如此。」戶崎一邊點頭、一邊問：

「這是在直軸配置銷售項目，再將各種分析數據配置在橫軸的表格，對吧？從這張圖可以看出什麼問題呢？」

戶崎一問，山邊就立刻遞上新資料說明：

（參考圖 2-5）「上次開會的時候你曾告訴我們，要試著在直軸與橫軸放入『彼此獨立、互無遺漏』的事業，然後再填入數字。由於業績占比較高的事業比較重要，所以我先分析這類事業，而這次分析的是 CD-R、CD-RW、DVD-R、營業用錄影帶這四種事業。

「接著當我打算找出業績下滑的事業，而計算二〇〇二至二〇〇五年的業績成長率之後，便挑出 CD-R、FDD、MO 與其他、錄音帶、家用錄影帶、營業用錄影帶這六種事業。

「最後我從市場大幅成長，產品業績成長卻不如預期的角度，計算了二〇〇二至二〇〇五年的市場成長率與我們公司的業績成長率的落差，結果發

【圖2-4】分析資料

產品分類			多媒體事業部營業額		市場規模	
			2002年	2005年	2002	2005
碟式儲存媒體	光碟	CD-R	158	93	1,589	1,082
		CD-RW	24	25	85	72
		DVD-R	23	50	149	1,001
		DVD-RW	2	10	7	35
	磁碟	FDD	16.5	8.5	132	77
		MO 和其他	2.5	1.5	22	13
帶式儲存媒體	錄音帶		7	4	114	50
	錄影帶	家用	13	5	201	83
		營業用	40	23	76	93
		合計	286	220	2,374	2,506

【圖2-5】釐清問題：三個論點

多媒體事業部營業額 2005 年占比

論點① 高營業額 占比率	光碟		磁碟			磁帶		
	CD	DVD	FDD	MO和其他			錄音帶	錄影帶
R	42%	23%	4%	1%	家用		2%	2%
RW	11%	5%	0%	0%	營業用		0%	10%

多媒體事業部營業額增減（2002 至 2005 年年度平均）

論點② 高營業額 占比率	光碟		磁碟			磁帶		
	CD	DVD	FDD	MO和其他			錄音帶	錄影帶
R	▲ 16%	30%	▲ 20%	▲ 16%	家用		▲ 17%	▲ 27%
RW	1%	71%			營業用			▲ 17%

市場成長率與多媒體事業部營業額成長率的落差

（2002 至 2005 年年度平均）

論點③ 高營業額 占比率	光碟		磁碟			磁帶		
	CD	DVD	FDD	MO和其他			錄音帶	錄影帶
R	▲ 4%	▲ 59%	▲ 3%	▲ 0%	家用		7%	▲ 2%
RW	7%	1%			營業用			▲ 24%

【圖2-6】釐清問題：問題與論點

多媒體事業部的問題與論點

	光碟		磁碟			磁帶		
	CD	DVD	FDD	MO和他			錄音帶	錄影帶
R	①②	①③	②	②	家用		②	②
RW	①				營業用			①②③

論點①：高業績占比

論點②：營業額不斷下滑

論點③：營業額仍有成長空間

現，DVD-R 與營業用錄影帶屬於『市場大幅成長，但我們公司的業績卻嚴重落後』的產品。若是統整一下上述的分析……」

山邊將新的資料遞給戶崎後，又對浪江使了使眼色，浪江只好勉為其難地說：

（參考圖 2-6）「有可能出問題的事業有三種，一種是業績占比很高，營業額卻大幅下滑的 CD-R，第二種是業績占比仍高，營業額也仍然成長，卻追不上市場成長速度的 DVD-R，第三種是業績占比很高，營業額不斷下滑，也追不上市場成長速度的營業用錄影帶。這就是大致的結果。」

戶崎滿臉笑容地說：

「做得太好了！這麼一來，一眼就看出問題所在了啊，只要能像這樣釐清問題，就能穩穩地進入下個階段，讓我們在下次開會時，根據這些資料進一步探討問題的原因。」

「被經營企畫部這樣稱讚，還真的有點難為情，不過說不定我們也稍微懂分析了。」浪江與山邊一臉滿足地離開了經營企畫部。

第二章

找出問題

- 再次確認鎖定問題的意義
- 正確了解問題全貌
- 適當縮減問題的範圍
- 找出論點，鎖定問題

再次確認鎖定問題的意義

為什麼需要鎖定問題？

接下來為大家介紹「WHERE ＝鎖定問題」的細節。在此之前，希望大家先複習一下「鎖定問題」的意義。不鎖定問題，到底會遇到什麼「麻煩」呢？

或許大家會覺得「先鎖定問題是理所當然的，不然就無法解決問題」，會這麼想的確很合理，但在此想請大家再仔細回想一下解決問題的三個步驟。不鎖定問題，到底會在哪個環節被絆住腳步呢？

首先是希望大家先想想問題是不是真的「無法解決」。之前曾以「暗夜發射砲彈」一詞比喻不鎖定問題的情況，但其實就算不找出問題，只要把所有可行的對策試過一遍，終究還是能解決問題。比方說，讓「生病的人」吃藥，說說自己的煩惱、睡覺、吃飯，為他想盡各種方法，還是有很高的機率讓他恢復健康，所以「就算沒有鎖定問題」，還是有可能「解決問題」，如果要說這有什麼問題，大概就是「效率不彰」而已。

接著要請大家思考的是，如果「生病的人」只是裝病的情況。比方說，這個裝病的人不想上班、不願意扛起責任，所以才謊稱自己「身體不舒服」，此時不管為他想了什麼方法，恐怕對方還是會說自己「身體不舒服」。如果不先徹底確認「這個人真的身體不舒服嗎？」恐怕永遠解決不了問題，說得更精準一點，本來就沒有「身體不舒服」這個問題，當然也無法解決這個問題。如果我們沒先徹底確認「問題就是身體不舒服」，就逕自施以各種對策，只會白白浪費時間、精力或金錢。

最後再請大家思考問「身體不舒服」的朋友覺得「哪裡不舒服」，結果對方回答「肚子痛」的情況。所謂「肚子痛」，有可能是吃太多，可能吃點胃藥

就會緩解，如果是肚子不小心著涼，用懷爐或暖暖包讓肚子暖和起來或許是個選擇，不然可以帶他去看醫生，有時候會因此發現這位朋友除了肚子痛之外，還有頭痛或倦怠的症狀。

如果經過檢查之後，知道這位朋友的病因是「細菌性食物中毒」，並在注射抗生素與打了點滴就好轉，就可以知道，這位朋友雖然說自己「肚子痛」，但其實他忽略了很多其他的症狀，所以只將注意力放在「肚子痛」這點無法解決問題的。

鎖定問題的三個重點

綜上所述，「未鎖定問題」的情況也有很多種，不先確定問題出自何處，就會遇到「麻煩」。從前述的例子裡，我們可以整理出下列這三個「鎖定問題」的重點：

1 認識問題的全貌
2 適當地限縮問題的範圍
3 根據某個論點鎖定問題

「認識問題的全貌」是至關重要的步驟。比方說，朋友說自己「身體不舒服」，但有可能是「肚子痛」、頭痛或是覺得倦怠，所以必須先正確掌握所有問題，一旦有所疏漏，就很可能找不出引起問題的真正原因。

接著是要「限縮問題的範圍」。以「肚子痛」為例，要先具體知道是肚子的哪邊在痛，是胃痛？是腸子痛？還是其他的內臟在痛？如果「覺得倦怠」，又是覺得身體哪邊很疲勞呢？是覺得肌肉還是關節很疲勞？還是覺得身體、四肢很累呢？先進一步縮減問題的範圍，就能更正確地找出「問題」的所在之處。

最後，需要「根據某個論點鎖定問題」。如果朋友覺得「腸子附近的下腹部很痛」，可讓他接受觸診，確定痛點是不是真的落在下腹部，也可以讓他接受進一步的檢查，確認下腹部是否發炎。若朋友說「四肢的關節很痛」，一樣可以讓他接受觸診或檢查，以資料確認這些部位「是不是真的有問題」，如果朋友只是裝病，這時候應該會被診斷為「無任何異常」才對。

到目前為止，只是以「身體不舒服」這個貼近生活的例子說明。不過，就算是職場的問題，解決方式也是大同小異。接下來，讓我們進一步了解這三個重點的細節。

正確了解問題的全貌

認識問題的方式：彼此獨立、互無遺漏（MECE）

首先要為大家介紹「正確認識問題全貌」的方法，此時隆重登場的就是「彼此獨立、互無遺漏」的思考模式，在邏輯思考的領域裡，這種思考模式稱為MECE（圖 2-7），是 Mutually Exclusive Collectively Exhaustive 的縮寫，沒聽過這種思考模式的讀者請務必參考拙著《精準表達》。

為什麼認識問題的時候，必須符合「彼此獨立、互無遺漏」這個原則呢？其實「有遺漏」與「未彼此獨立」的缺點不大一樣，所以接著就為大家稍微簡單說明一下這兩者的不同之處。

首先要說明的是「互無遺漏」這個部分，「有遺漏」會有什麼問題嗎？簡單來說，就是會「搞錯方式」。忽略某些問題很有可能會擬出錯誤的對策，這點大家應該不難想像才對吧？一旦不小心忽略重要的問題徵結，很有可能永遠找不到有效的解決方案。

在前面的故事裡，安達課長在面對「多媒體事業部的業績不斷下滑」這個問題時，沒頭沒腦地拿出「各產品與主要顧客交易之際的價格變化」這類資訊，從主要顧客的業績不斷下滑這個細瑣的部分開始討論，但這些都是「既定事實的資訊」，而且這些資料提及的顧客與產品，都未達公司整體業績的一半，明顯是有偏頗的資訊。如果從這個部分開始討論，恐怕無法找出「問題

【圖 2-7】何謂彼此獨立、互無遺漏（MECE）

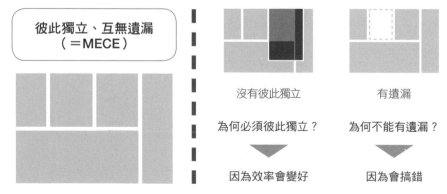

所在之處」。

接著要說明的是「彼此獨立」的部分，簡單來說，「若未彼此獨立」，就會「浪費資源」，也就是花時間重覆檢討相同的事，一點效率也沒有。

在前述的故事裡，安達課長拿出的資料除了「有很多疏漏」之外，與山邊提出的資料也有「部分重複」，也就是針對相同的顧客與產品分析了兩次，擺明是浪費時間。

若問「互無遺漏」與「彼此獨立」哪邊比較重要呢？其實只要稍微想一下就知道答案了，當然是「互無遺漏」比較重要。「未彼此獨立」只會造成效率不彰的問題，不會影響結論的方向，但一旦「有所遺漏」，未找出所有問題，我們很可能因此作出錯誤的結論，所以在鎖定問題的時候，必須遵守「彼此獨立、互無遺漏」的原則，更需要注意「互無遺漏」這個部分。

拓展視野，認識問題的全貌

請大家看看圖 2-8。左側的圖有四塊色塊，這就是所謂的 MECE 嗎？乍看之下，好像是「彼此獨立、互無遺漏」的 MECE，但請大家再看看圖 2-8右側的圖，如果少了虛線的部分，我們能注意得到這個部分嗎？

其實在職場使用 MECE 的時候，最難的就是「有明顯疏漏」的情況。具體來說，就是自以為已經符合「彼此獨立、互無遺漏」的原則找出所有問題，事後才被上司或顧客點出「另外的問題」，只好向上司或顧客道歉的情況。

所以在此要請大家先記住「未找出問題的全貌，就不知道是否還有疏漏」

【圖2-8】沒有找出問題全貌，就不知道是否還有疏漏

乍看之下，符合
MECE的原則

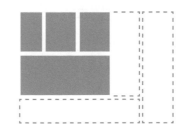

但說不定有一些我們根本沒有
察覺的疏漏

這個原則。如果在剛剛的圖裡只有四塊色塊，那麼的確是「彼此獨立、互無遺漏」的狀態，但是在色塊有六塊的時候，只找出四塊色塊則意味著「有所疏漏」。該在四塊色塊的範圍內思考？還是要在六塊色塊的範圍內思考？這個範圍有時也稱為「視野」（SCOPE）。諮詢顧問或系統整合人員常在專案開始之際，使用「決定視野」、「掌握視野」這類字眼，其實就是「一開始先決定要解決多大範圍的問題」。

接著以我的親身經歷為大家介紹「找出問題全貌」的方法。

我之前曾在某家製造商服務，當時有項產品來不及趕上交貨日期，所以為了避免這類問題再次發生，工廠便帶頭改善「交貨機制」。

當時負責經營企畫的我覺得這次的改革應該先緩一緩，因為我覺得只將注意力放在「工廠」，無法真的解決這個問題。產品的確是由工廠製造的，但工廠只是根據設計圖製造產品的地方才對。我心想「難道提出設計圖的部分沒問題嗎？」仔細一查才發現，技術部門常常很晚才提出設計圖。

此時我便明白只將注意力放在「工廠」，恐怕無法有效解決問題，必須讓「工廠」與「技術部門」合作，才能真正解決問題。當我進一步調查之後，我又發現設計圖之所以會遲交，原因在於業務員總是花很多時間與客戶在產品的規格上達成共識，換言之，除了「工廠」與「技術部門」之外，還得把「業務部」一起拉進來，才能有效解決問題。

在解決問題時，若未精準掌握「檢討範圍」，就無法得出理想的結論，所以希望大家在解決問題時，除了將注意力放在眼前的問題之外，也必須先討論檢討範圍。

如果以錯誤的方式認識問題的全貌，會有什麼下場？

若無法正確地認識問題的全貌，不是無法溝通，就是會吃閉門羹。

大家是否曾挨上司罵說「你這根本是牛頭不對馬嘴」？比方說，上司要求你「想辦法改善業務內容」，而你改善的是部門裡新人 A 的業務，結果上司跟你說「我希望你做的不是這麼小家子氣的改善，是改善自己的業務或是改善整個集團的業務」。相反地，若你想的是改善全公司的業務，上司有可能跟你說「我要你改善的不是那麼大的範圍」。像這種與上司想的範圍不同，無法達成共識的情況其實非常多，此時就算好不容易鎖定問題、找出原因與擬定對

策，也只會浪費討論時間，所以為了避免這類情況，要養成在開始討論之前，在「問題的全貌達成共識」的習慣。

根據「周圍的期待」正確認識問題的全貌

剛剛提過，在認識問題的時候，必須遵守「彼此獨立、互無遺漏」的原則。如果大家經明白沒有正確認識問題的全貌，就無法得知自己有哪些「疏忽」，接下來就要思考該怎麼做才能認識問題的全貌。

在認識問題的全貌之際，是不是視野愈開闊愈好？其實並不然。若想以最理想的方式解決問題，理論上的確是盡可能擴展視野，檢討各種可能的問題比較好，但在職場解決問題時，過度放大視野反而會是問題過於擴張，導致我們無法解決問題或是在討論問題的環節耗費太多時間。

相反地，無止境地縮小視野雖然能快速解決問題，卻起不了太大的作用。為了避免大家誤會，在此補充一點，在鎖定問題時，「精簡與篩選」非常重要，但是這跟「一開始就縮小問題範圍」是兩碼子事，也就是要先以一定大小的視野正確認識問題的全貌，之後再一步步精簡問題的範圍。

要以適當大小的視野認識問題其實非常困難。「該以多大的野視認識問題的全貌才適當？」這個問題沒有正確答案，我認為只能根據「周圍的期待」慢慢擴張視野。

若從剛剛提到的親身經歷來看，最初的切入點是「工廠」發現問題，開始改善交貨機制，後來發現只將注意力放在「工廠」的視野過於狹猛，所以慢慢地將視野擴張至「工廠、技術部門與業務部」。其實可進一步將視野擴張至「工廠、技術部門、業務部、生產管理部、採購部」，但與相關人士討論之後，得出「沒那麼多時間，不需要將問題如此放大」的結論。

我在為企業舉辦研修課程時，通常會建議學員將視野放大至「比自己的立場高一級」的大小。

如果你是團隊成員，那麼可將視野放大至團隊負責人的層級；如果你是課長，可將視野擴張至部門主管等級，以高一階的立場認識問題。以如此大小的視野討論問題之後，若發現找不出有效的對策，可試著與上司或相關人士討論，在彼此有共識的前提下慢慢擴張視野。要請大家注意的是，在職場解決問題時，如果沒有依照責任、權限、立場和可用的資源設定討論問題的

範圍，往往無法進行討論或是無法執行得出的結論。

借用別人的智慧確認視野的大小是否適當

最後要請大家確認「視野的大小是否適當」，是否合乎「彼此獨立、互無遺漏」的原則。若是「身體不舒服」這個簡單的問題，應該能立刻確認才對，但是當問題放大至企業或組織的等級，事情就沒那麼簡單，因為我們通常只知道所屬部門的事情，很難毫無遺漏地認識問題的全貌。

那麼這時候該怎麼做？

最佳策略就是「借用別人的智慧」。自己的知識與經驗是有極限的，不管多麼努力，沒辦法注意到的事情就是會忽略，此時可請教了解問題的人或是相關部門的人，吸收一些不一樣的看法與意見，有時候還可以試著從頭開始向毫無關係的人說明。然後請對方給予一些回饋，對方可能會對那些「了解問題」的人覺得再理所當然不過的部分產生疑問，而這些部分有可能藏著我們未曾注意，卻能解決問題的線索。

其實我在擔任經營顧問的時候，會在不違反守密義務的前提下，與負責其他專案的同事討論，從他們身上得到不同的觀點。我現在常以「自家公司的課題與業務」為題，在不同的公司舉辦解決問題的研修課程，偶爾會遇到一些來自「毫無關係的人」的提問，這些提問雖然看似平凡，卻常常讓我有豁然開朗的感覺。

在實務上，務必在這個階段與上司或相關人士取得「共識」

在正式討論之前，務必與上司或相關人士取得「共識」，事先知會與溝通是非常重要的環節。之所以重要，在於之後就要開始討論問題的「切入點」，若無法在問題的範圍達成共識，那麼再怎麼討論，恐怕也只是徒勞無功。

一如前述，在討論問題時，不斷擴張討論範圍是常有的事，但如果已經與別人討論過，知道自己認定的「討論範圍」沒有問題，那麼不妨向上司、相關部門的人、顧客與交易對象宣布「現在就於這個範圍之內討論」，與所有人在這部分達成共識。

我的公司也很常根據顧客的回饋檢視研修課程，但是要考慮的事情往往會依照問題的範圍而有所不同，比方說「是連同人事制度、教育體制的全面

檢討」，還是「不改變人事制度，只改善教育體制」、「不改變教育體制，只調整天數與科目」，還是「不調整天數與科目，只調整教材與教學方法的內容」。如果這時候無法與相關人士達成共識，後面不管再怎麼討論，也只是浪費時間，所以在實務上，建議大家一定要在這時候與所有人「達成共識」。

適當縮減問題的範圍

縮減問題是什麼意思？

能正確認識問題的全貌之後，接著要適當地縮減問題。讓我們以故事裡的例子思考「縮減問題」這句話是什麼意思吧。

一開始要問的是，在完全不縮減問題的情況下，討論「多媒體事業部的營業額持續下滑」這個問題，會得到什麼結果？恐怕得討論 CD 的營業額下滑的原因、DVD 的營業額下滑的原因、磁帶的營業額下滑的原因，得討論很多原因對吧？

如果有時間，當然可以全部討論一遍，但一般職場通常沒有那麼多時間、資金與人力，若不就有限的資源縮減問題的範圍，要討論的範圍就會過於廣泛，找不出最根本的原因（圖 2-9）。

意思是可以無限縮減嗎？當然不是，重點在於「適當地」縮減。

在前述的故事裡，山邊一開始以「顧客」以及「產品種類」這二個切入點討論「多媒體事業部的營業額不斷下滑」這個問題，但從圖 2-1 不難發現所有顧客的業績都下滑，這等於看不出任何問題，而且從圖 2-2 也可以看出除了 DVD 之外，所有產品的營業額都是下滑的。如果只有某位顧客或某個產品的營業額下滑，或許還能得出「問題出在該顧客或該產品」這個結論，但

【圖2-9】不縮減問題就無法深入討論

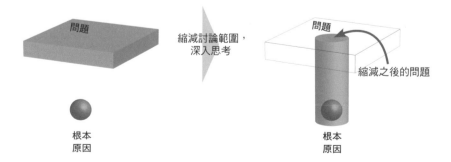

山邊的分析只會得到「所有顧客與產品都有問題結論。

　　換言之，山邊並未「適當地」縮減問題，一旦未「適當地」縮減問題，就會引起各種混亂，例如可能會有人提出「SUNY 明明是業績最高的顧客，營業額卻下降了 8%，所以問題就是 SUNY」的意見，另一個人有可能會提出「Verbit 明明是業績第二名的顧客，但營業額居然下滑 9%，比 SUNY 的情況還嚴重」這種意見。由此可知，若不事先縮減問題，就無法達成共識，也就無法繼續討論。

　　此外，若沒來由地斷言問題出在 Verbit，而開始分析造成問題的原因，很可能會忽略「SUNY 的業績下滑，無法得到最新資訊」這個潛在的原因，進而無法正確地解決問題。

　　那麼該怎麼做，才能「適當地」縮減問題呢？答案是「思考問題的切入點」以及「思考植入分割線的位置」。接著就為大家具體說明這二個步驟。

思考問題的切入點

　　請大家參考圖 2-10。這是一張「討論「問題切入點」的示意圖。

　　外圍的四邊形為「問題的全貌」，黑點則是在這個範圍之內的問題。

【圖 2-10】縮減問題

① 靈敏度較佳的切入點
　→ 問題明確

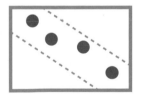

② 靈敏度不佳的切入點
　→ 問題分散

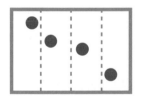

③ 過於廣泛的切入點
　→ 未縮減問題的範圍

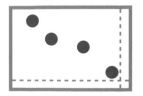

④ 過於瑣碎的切入點
　→ 費時費力、過於零碎

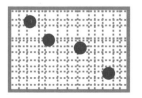

①屬於「靈敏度較佳的切入點」，是將所有問題切分在同一區塊，適當地縮減問題的範圍。若以前述的故事為例，就是將「錄影帶」進一步分成「營業用」與「家用」，以及將 CD 與 DVD 分成「燒錄型」（recordable, R）與「複寫型」（rewritable, RW），縮減問題的範圍。

②是「靈敏度較差的切入點」，問題也較為分散，這與利用「顧客」、「產品種類」分類之際的毛病一樣，只能得到「所有項目都是問題」的結論。

③則是「過於廣泛的切入點」，雖然包含了所有問題，卻沒有縮減問題的範圍。若以前述的故事為例，就是無法從「光碟」、「磁碟」、「磁帶」這些大分類看出問題。

④則是「過於碎瑣的切入點」，這種切入點會遇到這二種困難。

第一個是「會連不是問題的部分都納入討論」，若從這張圖來看，就是連沒有黑點的部分都被切得很細，第二種困難是，「過於細分某個問題，反而會看不清問題本質」。以這張圖為例，就是一個黑點被切成好幾個部分。前述的故事雖然沒有這個例子，但大概就是「上海工廠第二生產線為北美市場製造可錄六十分鐘的錄影帶，在二〇一〇年二月之際，在 JVD 的業績下滑」。如果將問題切割得這麼瑣碎，恐怕會看不出「問題所在之處」，相信大家已經知道這個道理了吧。

了解「分解」與「深掘」的差異

在思考切入點的時候，請大家先了解「分解」與「深掘」的差異（圖 2-11）。

「分解」是在同一個維度切割問題的過程。圖 2-11 的左側「分解」了「東京都市圈門市的飲料業績減少」這個問題，此時分解的對象是「業績」，所以得到「新客人的業績、回頭客的業績」這類結果。如果分解的對象是加班時間，就有可能得到「X 的加班時間、Y 的加班時間、Z 的加班時間」這類結果，若分解的是成本，就會得到「P 地區的成本、Q 地區的成本、R 地區的成本」，像這種將問題拆解成與原始問題同級的「○○問題」的過程就是所謂的「分解」。

反之，「深掘」就是進一步討論與問題不同維度的因果關係或原因。圖 2-11 的右側「深掘東京都市圈門市飲料業績下滑」這個問題，此時的主題就是「不好喝」、「份量太少」、「溫度不夠熱」，也就是「業績減少的因果關係或原因」，與「業績本身無關」。

在 WHERE 這個步驟分解問題的時候，請務必徹底學會「分解」這個技巧，「深掘」是在下個步驟，也就是 WHY 的時候進行。若沒有先徹底「分解」與精簡問題就「深掘」問題，會找到一堆原因，解決問題的效率就會大打折扣。

利用 4W 找出多個切入點

我想大家已經了解以「靈敏度較佳的切入點」縮減問題有多麼重要了，但該怎麼找到「靈敏度較佳的切入點」呢？在此要請大家記住的是，「尋找切入點沒有標準答案與公式」，只能不斷地試誤，才能找到靈敏度較佳的切入點。話說回來，試誤是有方法的，接著就為大家介紹這個方法。

要找到靈敏度較佳的切入點，最重要的是在一開始找到「多個切入點」，若只找到幾個切入點，就無法進行所謂的試誤。要找出多個切入點，可以從 4W 的觀點思考，而這裡說的 4W，就是排除 WHY 與 HOW 的 5W1H：

- WHEN：問題何時發生？
- WHERE：問題在哪裡發生？

【圖2-11】分解與深掘的差異

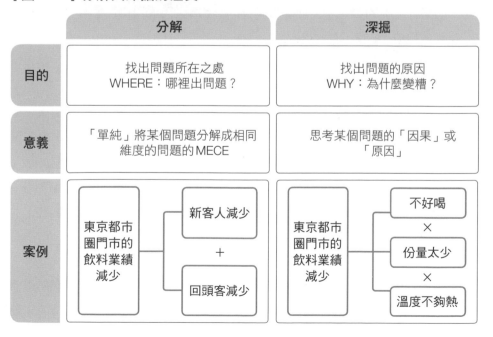

- WHO：問題由誰引起？
- WHAT：問題是什麼？

若問排除 WHY 與 HOW 的原因，答案就是：

- WHY：問題為什麼發生？
- HOW：問題如何發生？

這二個觀點與後續的「原因分析」有關。

接著為大家介紹，該如何根據 4W 的觀點找出切入點。

找出切入點的具體方法

找出切入點的方法取決於你的立場以及處理的問題。若以解決連鎖咖啡廳的問題為例，通常可從常見的「五大主題」，也就是：(1)業績、(2)成本、(3)技術與性能、(4)製造與品質、(5) 營業 (業務)：

(1)業績

如果你面對的問題是「連鎖咖啡廳的整體業績不斷下滑」，第一步要先找出分解「業績」的切入點。

若從 WHEN 的觀點來看，可將業績分割成「春、夏、秋、冬」、「平日、假日」、「上午、下午」、「早上、中午、晚上」。

若從 WHERE 的觀點來看，可大致區分成「北海道、東北、北關東、東京都市圈圈、甲信越、東海、北陸、近畿、中國、四國、九州沖繩」這些區域，也可進一步以「都道府縣」或「市、町、村」這類行政區域分割業績，當然也能以「都市、郊區」或「站前、路邊、其他」這類項目分割業績。

若以 WHO 的觀點來看，所謂的 WHO 就是顧客，所以能根據「男性、女性」這種性別區分，也能以「十幾歲、二十幾歲」這種年齡層區分，當然也能以職業、國籍或是其他項目分類。

業績問題可說是業務或組織的負責人一定會遇到的問題。若不想得透徹一點，往往只能得到「日期」、「地區」、「負責人」這類的切入點，請大家務

必多花點心思，認真想想有沒有其他的切入點。

（2）成本

　　如果你面對的問題是「連鎖咖啡廳的整體成本過高」或是「連鎖咖啡廳的加班費太高」，就有必要找出分割「成本」的切入點。

　　若以 WHEN 的觀點來看，就是成本都在何時增加，這部分與業績相同，可分成「春、夏、秋、冬」、「平日、假日」、「上午、下午」、「早上、中午、晚上」。

　　WHERE 的部分也與業績一樣。

　　WHO 的部分則與業績有些不同。可先以員工的階層分成「與管理階層或一般員工有關的成本」、「正職員工或兼職員工的人事成本」。

　　WHAT 的部分則可依照費用的名目區分成「進貨成本、銷售成本、管理成本」，也可利用加班費區分成「與業務 A 或業務 B 有關的加班」。

　　成本的問題也是組織負責人或會計必須面對的主題，若不想得仔細一點，常常只能找到「會計科目」、「月份」、「部門」這類切入點。若真的想找到降低成本的切入口，就不能囿於常識，必須以更廣泛的觀點思考。

（3）技術與性能

　　所謂的技術與性能，就是與產品製造方法有關的切入點。如果你是負責製作三明治的人，遇到了「綜合三明治」不好吃這個問題，就得找出「分解綜合三明治的美味」的切入點。在此要請大家注意的是，所謂的不好吃，是指「所有門市的綜合三明治都不好吃」，還是「某個綜合三明治不好吃」，若是前者，就得從綜覽全局的管理角度解決問題，如果是後者，就得從開發者的角度解決「某個綜合三明治不好吃」的問題。

　　如果問題是前者，WHEN 的部分就是綜合三明治是什麼時候做的，基本上，這部分與前面一樣，可區分成「上午、下午」、「春、夏、秋、冬」、「早、中、晚」，WHERE 的部分也可從「是哪間門市製作的綜合三明治」這個觀點思考，WHO 的部分則可從「是哪位店員製作的綜合三明治」進行分析。

　　WHAT 則是能同時兼顧前者與後者的觀點。一開始可先從「是材料還是調味料出問題」或「素材的組合出問題」區分，之後可進一步以綜合三明治

的食材區分成「麵包、火腿、起司、萵苣、美乃滋」這些項目，當然還可以從「味道」區分成「甜、辣、濃郁、口感、尾韻」這些項目。

在處理技術與性能的問題時，很難找出適當的切入口，尤其當問題是要改善某項商品的性能時，切入點往往會因商品而天差地遠，就算是同一位咖啡廳商品開發人員，一旦商品從「綜合三明治」換成「拿鐵咖啡」或「法式千層蛋糕」，切入點也會完全不同。雖然很難以固定的流程找出需要的切入點，但在尋找這類切入點的時候，希望大家先記住下列這些思考的角度。

- 是主要元素還是附屬元素的問題：是食材還是調味料的問題？
- 是單一個體還是搭配組合的問題：是食材還是食材搭配的問題？
- 組成元素：麵包、火腿、起司、萵苣、美乃滋
- 性能要件：甜、辣、濃郁、口感、尾韻

（4）製造與品質

製造與品質方面的討論就是討論某項商品的品質的切入點。這部分的討論很容易與③的技術與性能方面搞混，但簡單來說，「如果原本食譜就很糟，所以菜不好吃」那就屬於技術與性能方面的問題，如果「依照食譜煮，但菜不好吃」，那就屬於製造與品質方面的問題。

如果你是負責製造三明治的人，遇到新推出的「綜合三明治」無法依照食譜製作的問題，此時從 WHEN，也就是所謂的製造時間來看，可找到「星期一、星期二、星期三……」、「上午、下午」、「八至九點、九至十點、十至十一點」這些切入點，若從 WHERE 的角度來看，倘若綜合三明治是在門市製造，就能以各家門市做為切入點，若是在工廠製造，就能以工廠或生產線為切入點。將製造流程拆解成「切麵包、塗瑪卡琳、挾餡料、撒調味料」這些切入點也是很常見的做法。若以 WHO 的角度來看，就是將負責製造的人視為切入點，若以 WHAT 的角度來看，如果綜合三明治有很多種，那麼切入點就是「綜合三明治 A、綜合三明治 B……」。

解決製造與品質方面的問題時，其實有很常使用的切入點，請大家務必先記住這些切入點，一個是「流程」，另一個是 4M 觀點。流程的切入點就是製造流程的一個個步驟，這也是透過生產線製造產品常見的思維。

4M 是指：

● 人：Man
● 材料：Material
● 機械：Machine
● 工法：Method

上述都是與製造相關的基本元素與框架。

（5）營業（業務）

所謂的營業就是與業績、成本、性能、品質都無關的公司內部業務，通常屬於事務部門的工作，具體來說就是「很多失誤」、「加班時間太長」、「有客訴」、「效率低落」這些主題，範圍可說是相當廣泛。

當主題不同，找出切入點的方法就會截然不同，所以才要依照 4W 尋找每個主題的切入點。如果你遇到的問題是連鎖咖啡廳的會計部門常在統整資料時出錯。

此時若從 WHEN 的角度來看，就是討論「是於何時發生的失誤」，此時的切入點可以是「星期一、星期二、星期三……」或是「一般時期、業務繁忙時期」，若以 WHERE 的角度來看，就是討論「是於哪個區域發生的失誤」，切入點可以是「北海道、東北、北關東、東京都市圈、甲信越、東海、北陸、近畿、中國、四國、九州沖繩」，也可以是「直營店、加盟店」，若以 WHO 的角度來看，切入點會是「每位會計」，而以 WHAT 的角度來看，可大致找出「業績、費用」，也可針對每項會計科目，找到「進貨成本、銷售成本、管理成本」這類切入點。

在解決業務方面的問題時，千萬要提醒自己「別忘記自己分解的是什麼問題」。明明一開始想解決的是「會計部門常在統整資料時出錯」的問題，結果中途才發現自己一直在解決「統整資料的效率不彰」或是「花太多時間整理資料，所以太常加班」的問題也是很常見的情況。一旦忘記自己要分解的問題，當然就無法有效地拆解問題。

選擇靈敏度較佳的切入點

找到很多切入點之後，接著就是從中挑出「靈敏度較佳的切入點」。我們可根據下列的準則判斷切入點的靈敏度。

- 只有特定部分是問題→問題很明確→靈敏度較佳
- 整體都是問題→問題很分散→靈敏度較差

如果我們在處理「連鎖咖啡廳的業績下滑」這個問題時，找到「早、中、晚」與「春、夏、秋、冬」這二個切入點，也依照這二個切入點比較了今年與去年的數據，得到圖 2-12 的結果。從圖中可以發現，切入點為「早、中、晚」的時候，只有早上的業績大幅下降了 40%，問題算是非常明確，代表這個切入點的靈敏度較佳，反觀切入點為「春、夏、秋、冬」時，四季的業績都下降了 10%，問題很分散，讓我們看不出問題所在，所以這種切入點的靈敏度就較差。

業績之外的主題也能採用同樣思考模式處理。一開始先找出多個切入點，接著實際比較看看，最後從這些切入點找出「只有特定部分是問題」的切入點。

透過多個切入點縮減問題

找到幾個靈敏度較佳的切入點之後，接著就是透過這些切入點的組合「在符合 MECE 的原則之下，正確認識問題的全貌」，同時縮減問題的範圍。縮減

【圖2-12】靈敏度較佳的切入點案例

靈敏度較佳的切入點			
時段	早	中	晚
業績去年比	-40%	±0%	±0%

靈敏度較差的切入點				
時段	春	夏	秋	冬
業績去年比	-10%	-10%	-10%	-10%

 可看出問題出在早上這個時段　　 無法確定問題出在哪裡

問題範圍的方法主要有下列二種：

（1）邏輯樹

　　如圖 2-13 所示，邏輯樹就是將問題一步步拆解成樹狀圖的方法。以連鎖咖啡廳的業績不斷下滑這個問題為例，可先分成東京都市圈與東京都市圈之外的地區，接著東京都市圈還能細分成現有門市與新門市，之後還能依照商品分成飲料、輕食、甜點與其他這些項目，也可根據客群分出新客人或回頭客這些項目，或是依照性別分成男性、女性的項目，最後還能依照年齡層細分。

　　邏輯樹雖是很常見的思考方式，但不大建議在 WHERE 縮減問題的範圍時使用，原因有二個，第一個是「會看不清問題的全貌」。相較於後續介紹的矩陣圖，邏輯樹這種思考方式往往會在不斷細分出各種項目之後變得「橫長」，導致我們看不清整體的細分狀況。

　　第二個原因是，「一不小心就會與 WHY 或 HOW 搞混」。具體來說，當問題分解到「東京都市圈現有門市的飲料」這個步驟之後，一不小心就會寫出「不好喝、分量太少、溫度不夠熱」這些項目。之前也曾在「分解與深掘」的圖 2-11 說明過，這些項目不是從「分解業績」而來，而是在「在經過深掘之後

【圖2-13】以邏輯樹縮減問題的範圍

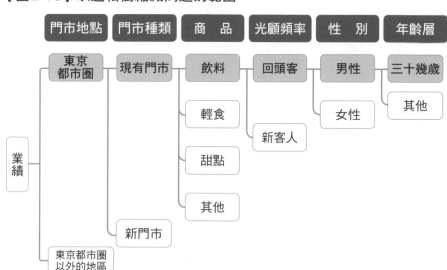

得知的業績下滑的原因」，如果在此時就寫出這些原因，等於提早進入 WHY 的階段。我們當然可以透過邏輯樹拆解問題，但絕對要注意上述這兩點原因。

（2）釐清問題所在的矩陣圖

這裡所說的矩陣圖就是圖 2-14 這種「以表格切割問題」的方法。這是根據邏輯樹找到的切入點，在直軸配置「哪個門市的哪個商品」，並在橫軸配置「賣給誰」，讓業績的切割方式符合 MECE 原則的圖。由於這是一種找出問題「所在之處」的分析，所以又稱為「哪裡哪裡分析法」。由於這種矩陣圖可將問題切割成簡單易懂的細項，所以很值得推薦。

使用矩陣圖的重點在於「只細分需要細分的部分」。雖然圖 2-14 的直軸分成「東京都市圈與東京都市圈以外的地區」這二個項目，但東京都市圈以外的地區沒有問題，所以不繼續細分。此外，「東京都市圈」也細分成「現有門市與新門市」，但新門市也基於相同原因，不再繼續往下細分。在橫軸的「回頭客與新客人」的部分，新客人也基於同樣的原因不繼續往下細分，「男性與女性」的女性部分也不繼續細分。像這樣針對有問題的部分細分，就能更清楚地說明問題所在之處。

進行一次分析，根據假說找出切入點

【圖2-14】以矩陣圖縮減問題的範圍

			回頭客					新客人
			男性				女性	
			～20幾歲	～30幾歲	～40幾歲	～50幾歲		
東京都市圈	現有門市	飲料						
		輕食						
		甜點						
		其他						
	新門市	飲料						
東京都市圈以外的地區								

到目前為止，我們已經找出許多切入點，也從中挑出靈敏度較佳的切入點，而最後要介紹的是縮短試誤過程，快速找出切入點的祕訣。這個祕訣就是「進行一次分析，根據假說找出切入點」。

假說思考的部分已於拙著《精準表達》（第三章「驗證假說能力」）詳述，有興趣的讀者可自行閱讀。簡單來說，假說就是「根據事前的資訊自行推論的臨時解答」。若不根據任何資訊，只憑直覺尋找分析問題的切入口，很可能找到「靈敏度不佳的切入口」。為了避免這類情事發生，會先進行一次分析，也就是先向相關人士取證或是調查相關的文獻，形成「這部分應該有問題」的心證之後，才能有效率地分解問題。

如果要解決的問題是「連鎖咖啡廳的業績不斷下滑」，卻在蒐集一堆數字就突然從下列的角度開始分析，恐怕會浪費許多時間：

- 「春、夏、秋、冬」、「平日、假日」、「上午、下午」、「早、中、晚」等等
- 「北海道、東北、北關東、東京都市圈、甲信越、東海、北陸、近畿、中國、四國、九州沖繩」、「都市、近郊」、「站前、路邊、其他」等等
- 「男性、女性」、「十幾歲、二十幾歲……」等等
- 「食物類、飲料類」等等

此時若能先向相關人員詢問「你覺得什麼時候的業績下滑最多？」「什麼商品的業績不斷下滑？」「哪間門市的業績持續下滑」，取得可信的意見之後再進行分析，絕對比較有機會找到「靈敏度較佳的切入點」，討論的效率也會大增。

唯一要請大家注意的是，「別過度依賴假說」（hypothesis），假說充其量是根據事前資訊推論的「臨時答案」，還是必須從零開始，以各種切入口進行驗證，才能以前所未有的觀點找出問題。

一如本章開頭所述，尋找切入點沒有「公式」，一開始都是先從不同的觀點找出各種切入點，之後再檢驗切入點的靈敏度。如果想提升效率，可先進行一次分析，再根據假說檢驗切入點，不過最後還是希望大家不斷「試錯」，找出能真的縮減問題範圍的切入點。如果能在 WHERE 徹底做到這點，接下

來的 WHY 與 HOW 的討論就會格外順暢。

找出有意義的分界線

接著要在切入點的尾聲，為大家介紹「有意義的分界線」。所謂的分界線是指以某個切入點分解問題時，用於畫分區塊大小的邊線。例如以時段區分為「早、中、晚」這三個項目時，早上與中午的分界線是幾點幾分？若以客群分成「小孩、大人」這二個項目時，小孩與大人該以幾歲為分界？這就是所謂的分界線。

植入分界線的時候，必須思考該分界線「是否具有意義」。

如果在處理連鎖咖啡廳的業績不斷下滑這個問題時，以「0 至 9 歲、10 至 19 歲、20 至 29 歲……」這種每 10 歲為一區間的單位植入分界線，可以得到什麼結果呢？這種分界線或許有其意義，但一刀畫開 19 歲與 20 歲、29 歲與 30 歲，到底有多大意義？比起這種機械式的畫分方式，還不如在 15 歲的部分植入分界線，畫分出「中小學生」這個區間，之後再於 22 歲的部分植入分界線，畫分出「高中生、大學生」的區塊，之後再畫分出 23 歲至 64 歲的「社會人士」以及 65 歲以上的「銀髮族」，這種分界線才顯得更有意義。話說回來，中小學生應該是靠父母親給的零用錢來咖啡廳消費的，高中生或大學生則有可能是靠打工的錢來消費。如果是社會人士，當然有可能是自掏腰包或是使用公費來咖啡廳消費，至於銀髮族則可能是存款或老人年金。收入來源不同，生活型態就會跟著不同，來或不來咖啡廳消費的原因也肯定不一樣。

尋找有意義的切入點固然重要，但尋找「最具分辨度的分界線」，可進一步提升切入點的靈敏度，也能更精準地縮減問題的範圍。

找出論點，鎖定問題

寫出論點，說明鎖定問題的原因

在經過正確認識問題全貌，並透過靈敏度較佳的切入點與 MECE 的原則分解問題這些步驟之後，你應該能發現問題藏在哪裡，但這不代表 WHERE 這個階段就此結束，最後還要「說明你鎖定的部分真的出了問題的原因」，也就是說明你的「論點」。

圖 2-15 說明了「論點」與「原因」的差異。所謂「論點」，就是說明「問題之所以是問題的原因」，至於原因，則是「引起問題的原因」。如果你發現連鎖咖啡廳的問題在於「早上的業績不佳」，那麼「早上的業績最差」、「早上的業績於整體業績的占比很高」就是所謂的論點，「沒有早餐的菜色」、「早上的收銀很混亂」則是造成「早上業績不佳」的原因。

當我在研修課程問學員「請告訴我，為什麼將早上的業績視為問題」時，很常有人回答「因為沒有早餐的菜色」，但這是原因，不是論點。「沒有早餐的菜色」的確有可能造成「早上的業績下滑」，但是若問為什麼特別點出早上這個時段，而不是中午或晚上，是因為只要努力提升早上的業績，就能有效解決「連鎖咖啡廳的業績不斷下滑」這個問題。如果這間連鎖咖啡廳沒有早餐的菜色，早上時段的業績依舊成長，中午時段的業績卻大幅下滑，那麼結論就會是「必須提升中午時段的業績」。

剛剛曾提到「論點」就是「問題之所以是問題的原因」，但其實論點就是與主題、問題是否有關聯、有貢獻的觀點，所以在鎖定問題的時候，請務必找出論點。

【圖 2-15】論點與原因的差異

論點	≠	原因

= 問題之所以是問題的原因　　　　　　　= 引起問題的原因

（例）因為這部分的業績明顯下滑　　　　（例）因為沒有早餐的菜色

注意「為什麼」這個詞

　　大家應該已經透過上述的實例了解「論點」與「原因」的不同了吧，但其實很多人都把「論點」與「原因」混為一談，想必大家也已經知道為什麼會這樣。這是因為「為什麼」這個詞的意思很曖昧。讓我們以簡單的例子來說明吧。如果有人問你：「為什麼去旅行？」你會怎麼回答呢？

　　①想換個心情，所以去旅行
　　②家人說想去旅行，所以去旅行

　　①的「想換個心情」是「目的」，而②的「家人說想去旅行」則是「原因」。明明問的是「為什麼」，卻得到「目的」與「原因」這二個在邏輯上完全相悖的答案，這就是「為什麼」這個詞為什麼如此曖昧的原因之一。順帶一提，若將「為什麼會去旅行」說成「怎麼去旅行」，除了得到上述①與②的回答，還有可能得到：

　　③搭飛機去旅行

　　這種說明「手段」的回答。如果以英文思考，這三個答案可說是完全不同，①是 for、②是 because、③是 by。
　　一如前述，「論點」是「問題之所以是問題的原因」，是代表與主題、問題的關聯、具有貢獻的概念，也是「目的導向」，但「原因」的方向則完全相反。不過當我們遇到「為什麼這裡會是問題？」的這個問題時，回答「論點」或「原因」都會是正確答案。
　　上述這番言論或許有點偏離主題，但我真正想說的是，我們之所以會將「論點」與「原因」混為一談，全是因為我們的用語所造成，所以我們必須在平常的對話裡，問問自己說的是「論點」還是「原因」。

找出論點，形成共識

　　為什麼非得找出論點不可？許多人覺得說明「問題之所以是問題」的原因很多餘，所以常跳過這個步驟，直接進入討論原因的階段，而我覺得這其

實也是一種 HOW 思考，但話說回來，為什麼不能跳過這個步驟，直接開始討論原因呢？

　　比方說，在討論「連鎖咖啡廳的早上業績持續下滑」這個問題時，提到了「因為早上的收銀很混亂」這個原因，之後有可能會繼續提到「早上的收銀的確很混亂」或是「所以顧客想買咖啡也買不了」這些話題，但也有一定會有人提出「早上的通勤時段就是這麼短，所以收銀會這麼混亂也是無可奈何」的意見對吧？說不定整個話題就會朝「這麼說也有理，所以早上客人太多不是問題，中午的客人太少才可能是問題」的方向發展。

　　想必大家已經發現，明明一開始是討論「早上的業績」，卻不知不覺朝「早上不是問題，中午才是問題」的方向發展，許多公司都常發生這種「愈討論愈走回頭路」或「舊話重提」的現象。為了避免這種現象發生，「找出論點」就顯得十分重要，因為能與相關人士取得共識。

　　如果找出「早上的業績於整體業績的占比很高卻不斷下滑，也還有成長空間，所以早上的業績不振才是問題所在」這種論點，就算有人提出「早上的收銀很混亂，所以才會這樣」或是「中午沒什麼客人才是問題」的意思，也能直接以「這些都不是問題，早上的業績才是問題所在」反擊。

該怎麼做才能找到論點？

　　如果大家已經了解找到論點有多麼重要之後，接著為大家說明在鎖定問題出處時，該找出哪些論點。主要的論點有下列四個：

　　①增加或減少特別明顯的部分
　　②極有可能改善的部分
　　③於整體的占比極高的部分
　　④傳播效果非常深遠的部分

　　若問在這些論點之中，哪個論點最為重要，必須先回頭看看要解決的是什麼問題。如果問題是「阻止連鎖咖啡廳的業績繼續下滑」，通常會將①的「增加或減少特別明顯的部分」當成要討論的問題。這是找出業績下滑幅度最明顯的部分，再試圖提升業績的思考模式。

倘若要解決的是「連鎖咖啡廳的業績成長速度太慢」這個與前述的問題很類似，卻又有點不同的問題，②的「極有可能改善的部分」就顯得相對重要。成長速度太慢代表業績沒有下滑，換句話說，就算該部分的業績於整體的占比仍低，只要之後能大幅成長即可。

如果希望短期內解決「連鎖咖啡廳的整體顧客滿意度太低」這個問題，「在整體占比極高的部分」可能就是問題。當比例較高的特定顧客群的滿意度太低，整體顧客滿意度也會跟著下降，所以只要能直接提升這個顧客群的滿意度，就能迅速確實地提升整體顧客滿意度。

如果問題不變，只是想要在中長期之內解決這個問題，可以將④的「傳播效果非常深遠的部分」視為問題。若以連鎖咖啡廳為例，不管粉領族的滿意度有多高，也不管粉領族於整體顧客的占比有多高，只要能讓宣傳力十足的粉領族感到滿意，或許就能在主婦族群或學生族群之間建立口碑，而且女性顧客增加也能搏得男性顧客的好感。

在此介紹了四個主要的論點，但論點可不只這四個，面對的狀況不同，論點也需要跟著改變。倘若覺得解決問題時，會在執行面遇到困難，就有可能以「便於執行」的論點取代上述這四個論點。此外，若覺得公司內部會出現反對的聲浪，則有可能需要提出「與自家公司營運策略的整合性」這種論點。

一般來說，論點就是「最能解決問題的內容」。到底該探出什麼論點才能鎖定問題，以及讓相關人士對問題所在之處達成共識呢？請大家一邊參考前述的四個論點，一邊思考這個問題。

提出論點時，盡可能使用「強而有力的資訊」

接著想為大家說明，提出論點的祕訣在於使用「強而有力的資訊」。WHERE 是解決問題之際，非常重要的起點，如果相關人士無法在這個階段達成共識，之後就算在 WHY 或 HOW 的階段拼命討論，恐怕也是牛頭不對馬嘴。若要在討論之後，讓所有人對於「這裡真的是問題嗎？」的部分形成共識就必須搜集「強而有力的資訊」，提出「這裡的確是問題」的主張。

那麼什麼是「強而有力的資訊」？資訊可依照來源與性質分成「較強」與「較弱」二種（圖 2-16）。揉和各種「強而有力」的資訊再提出主張，可讓論點更具說服力。以連鎖咖啡廳的問題為例，可採行下列的做法。

- 如果提出的主張是「業績大幅減少是問題」
  量化：「業績比去年減少 25%」
  連續採樣：「業績在過去五年內持續減少」

- 如果提出的主張是「問題在於傳播效果」
  第三方：「競爭對手的傳播效果較強」
  權威者：「公平交易委員會的調查結果具有很強的傳播效果」

將「做為論點的資訊」填入矩陣圖，藉此鎖定問題

以「強而有力的資訊」找出具體的論點之後，接著就可以鎖定問題了。

請大家先回想一下開頭的故事。多媒體事業部的浪江與山邊曾試著以多個切入點找出「問題所在之處」，一開始先以「顧客」、「產品分類」進行分析，但後來發現問題太過廣泛，無法找出真正的問題（圖 2-2、圖 2-3）。

之後便向多媒體事業部的其他人詢問意見與進行一次分析，將「錄影帶」分成「營業用、家用」這類項目，也將 CD 與 DVD 分成 R、RW，找出靈敏度較高的切入點。

接著為了重振多媒體事業部的業績，找出「業績不斷下滑與成長過於緩慢」的問題，提出了「①業績占比較高」、「②業績不斷下滑」、「③業績仍有成長空間」這些論點，還將過去四年的資料製作成矩陣圖，藉此佐證前述的論點與進行分析（圖 2-4），所以得出下列誰都能一目瞭然的結論。

【圖 2-16】強而有力的資訊

較強的資訊		較弱的資訊
外部資訊	⟺	內部資訊
第三者資訊	⟺	當事人資訊
量化資訊	⟺	質化資訊
直接資訊	⟺	間接資訊
權威者資訊	⟺	非權威者資訊
多樣本資訊	⟺	少樣本資訊

①排除 DVD-RW 之後，業績占比較高的是光碟與營業用錄影帶

②業績不斷下滑的是 CD-R、磁碟與磁帶媒介

③業績仍有成長空間的是 DVD-R 與營業用錄影帶

像這樣將足以做為論點的資料製作成矩陣圖，就能鎖定問題的所在之處。

以多個論點篩選出最該優先處理的問題

最後一步就是根據多個論點找出最該優先處理的問題。

若以前述的故事為例，就是根據「①業績占比較高」、「②業績不斷下滑」、「③業績仍有成長空間」，找出下列三個最該優先處理的部分（圖 2-6）：

● CD-R：占整體業績的比例高達 42% 之外，過去四年的平均業績只有16%，業績明顯下滑

● DVD-R：占整體業績的比例高達 23% 之外，過去四年的平均業績只與市場平均值打平，還有 59% 的成長空間

● 營業用錄影帶：占整體業績的比例高達 10% 之外，過去四年的平均業績只有 17%，業績明顯下滑，只與市場平均值打平，還有 24% 的成長空間

在經過前述的分析與討論之後，誰都知道要想「重振多媒體事業部」的業績，只需要依序解決上述這三個問題。

！

第二章重點整理

1　在 WHERE 的階段找出「問題所在之處」，能更有效率地討論

2　利用「彼此獨立、互無遺漏」（MECE）認識問題全貌

3　根據相關人士的期待，正確認識問題的全貌

4　進行一次分析，以靈敏度較佳的切入點縮減問題的範圍

5　思考有意義的「分界線」

6　找出論點，鎖定問題

7　利用「強而有力的資訊」強化論點的說服力

8　先對「問題所在之處」形成共識再進入下個步驟，以免走回頭路

第三章

追究原因

故事 三

尋找原因的人

順其自然發展的代價

共同檢討團隊在該週的星期五舉辦了例會。這次提出了分析「問題所在」的結果，經營企畫部的大谷部長也參加了會議。一開始，浪江與山邊先提出了根據背景資料製作的報告，從「整體占比」、「下滑幅度」、「成長空間」這三個視點將問題的範圍限縮至 CD-R、DVD-R、營業用錄影帶這三個項目。報告結束之後，高橋事業部長悵然地說：

「沒想到 DVD 的狀況這麼糟，CD-RW 反而比較有機會開拓市場。看來我的直覺已經失靈了，根本沒搞清楚真的需要改善的是哪些地方。」

到目前為止，營業部全體成員都沒想過持續成長的 DVD 事業居然會是問題，所以一直讓 DVD 事業「順其自然發展」。此外，大部分的人都覺得事業部營業額接近 10% 的 CD-RW，業績成長速度太過平緩，所以一直以來都要求所有部內員工達成「讓 CD-RW 的業績更加成長」的目標。為了鼓勵高橋部長的大谷部長說：

「我有同感，作夢都沒想到，在事業部表現良好的 DVD 事業，居然是被市場淘汰的事業。如果沒有根據「彼此獨立、互無遺漏」的原則分析數字與形成論點，再從論點開始討論，根本很難形成共識。不過，這也是能促成共識的絕佳資料啊。如果未在 WHERE 的階段形成共識就繼續討論，那麼到了WHY 與 HOW 的階段該怎麼辦？所以我覺得，我們算是有了好的開始。」對此，與會人員都深表同意地點了點頭。

市占率下滑還是單價下滑？

總算要針對每個事業的問題開始分析原因了，戶崎說：

「在挖掘造成問題的原因時，絕對不能有任何疏漏，尤其在一開始的時候，一定要秉持 MECE 的原則切割原因與深掘原因。表面上，各事業的營業額的確是持續下滑，但我們必須先確定問題是『市場萎縮』還是『在數量上

的市占率下滑』，或是『單價下降』，因為這些問題的原因完全不一樣。讓我們先細分原因與判讀數據吧。經過實際計算之後，可以得到**圖3-1**的結果。

「首先要談的是CD-R事業。盡管營業額大幅下滑，但從數量來看，市占率似乎跟以前一樣。此外，我們公司的單價的下滑幅度雖然遠比市場單價下滑得多，但16日圓的單價卻與市場的單價打平。」

浪江接著說：「那是因為我們公司的單價本來就比較高，但現在已經不能這樣訂價了，得降到跟市場差不多的水準才行。」

戶崎也回應：「反觀DVD-R事業剛好與CD-R相反，我們公司的單價的下滑程度並未高於市場單價，而且這個市場明明正在成長，我們的市占率卻大幅下滑。這或許是因為我們的價格比競爭對手來得高，所以才沒辦法順利進軍這個市場吧。」

「我其實也曾經這麼想過。」高橋部長如此回應後，戶崎繼續說明。

「營業用錄影帶事業的數量市占率下滑之外，自家公司的單價也比市場單價的下滑幅度來得高，所以這部分的問題似乎最嚴重。」高橋聽完這番分析，用力點點頭。

【圖3-1】分解營業額

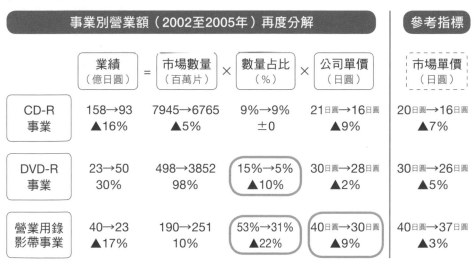

事業別營業額（2002至2005年）再度分解				參考指標
業績（億日圓） =	市場數量（百萬片） ×	數量占比（％） ×	公司單價（日圓）	市場單價（日圓）
CD-R事業	158→93 ▲16%	7945→6765 ▲5%	9%→9% ±0	21日圓→16日圓 ▲9%	20日圓→16日圓 ▲7%
DVD-R事業	23→50 30%	498→3852 98%	15%→5% ▲10%	30日圓→28日圓 ▲2%	30日圓→26日圓 ▲5%
營業用錄影帶事業	40→23 ▲17%	190→251 10%	53%→31% ▲22%	40日圓→30日圓 ▲9%	40日圓→37日圓 ▲3%

品牌形象墜落谷底嗎？－探討 CD-R 事業的原因

話說回來，業績下滑的原因到底是什麼？

「首先要探討的是，CD-R 的業績為什麼一直下滑」安達發言後，山邊立刻補充「我想，市場縮小有可能是主因吧……」。

「CD-R 幾乎都被 DVD-R 取代了。兩者的價格相去不遠，但儲存容量卻是天差地遠，而且最近的燒錄機通常都能燒錄 CD 與 DVD。」

「的確是這樣沒錯，」戶崎回答，接著說：「不過，就算我們再怎麼討論，也無法改變市場萎縮這個事實，所以還不如討論對策。就剛剛的分析來看，我們公司在這方面的市占率沒變，但單價卻下滑到與市場單價打平的水準，不知道各位有沒有想到是什麼原因造成的。」

安達回答：「我覺得是 CD-R 的市場很難做出區隔，一來規格很統一，二來染料層也比 CD-RW 少，構造相對單純，誰都有辦法生產，單價才會像跳水一樣，一落千丈。之前也請大家過目了每位客戶的單價下滑資料……」

戶崎在此提出問題：「剛剛說，CD-R 誰都能做的意思是技術很簡單嗎？我的意思是，就算技術很簡單，沒生產線也不能製造，調不到材料也沒辦法製造對吧，中資、港資與台資的競爭對手在製造與材料調度的部分都沒問題嗎？」

山邊回答：「對，剛好前幾天我們去了 SUNY 比價。過去沒有公司能像我們一樣大量供給，所以若是整批的訂單，沒有公司贏得過我們，但是當市場一直萎縮，訂購量就跟著下滑，所以我們的競爭對手也能輕鬆地供給客戶需要的量。」

「原來如此，那調度材料的部分怎麼樣？」面對戶崎這個問題，山邊回答。

「日資的製造商也很樂意將樹脂、磁性材料、光學材料賣給中資、港資、台資的競爭對手，而且日資的材料製造商的市場也被中資的材料製造商奪走，所以我們與競爭對手在材料調度方面應該是沒什麼差異，我也想過這部分是不是原因，但似乎沒什麼關係。」

「是這樣嗎……」若有所思的戶崎從別的觀點想到其他的原因後，便試著提出問題：「會不會是我們的品牌力不像以前那麼強？」

「那也是過去的事了」，浪江回答之後，接著說：「上賀茂這個品牌在過去的確是很受好評，但現在每家製造商的品質都很不錯，很難只以品牌分出高

下，品牌也不像過去那麼重要了。」

　　戶崎有點聽迷糊了，所以試著將所有找到的原因畫成「因果構造圖」（圖3-2），但還是找不出自己公司能做些什麼。由於一時間無法繼續討論下去，就只能把 CD-R 的業績問題留到下次開會，先針對 DVD-R 的部分繼續討論。

還能沿用過去的老方法嗎？探討 DVD-R 事業的原因

　　「接下來我想討論 DVD-R 的部分。DVD-R 的業績雖然沒有下滑，但問題是……呃，如果要說是什麼問題……」安達說得含糊，所以戶崎接著補充：

　　「我想，原因不是業績下滑，而是業績沒成長。大家對此有什麼想法嗎？」安達沒什麼自信地回答。

　　「呃，我想是因為之前以為業績不錯，所以沒有研擬什麼讓業績成長的方針吧……」戶崎聽完這個回答後，決定稍微問得深入一點。

　　「把沒有研擬方針當成業績沒成長的原因，思考邏輯是不是有點太跳躍了呢？難不成有研擬相關的方針，業績就會成長嗎？」

　　「應該不是這樣吧……」聽到安達欲言又止後，浪江立刻接著說。

　　「事情沒那麼簡單喲，大家光是自己的生意就快照顧不來了，哪有時間管DVD 的業務。我覺得，營業額沒成長的確是沒去跑業務，所以也沒辦法得知市場的情況，不知不覺新案子就被其他公司搶走了。雖然偶爾還是會有人要我們提案，但我們沒有將心力放在 DVD 的方針，所以總是慢別人一步。我們光是處理卡帶、錄影帶、FDD、MO 這些賣不動的商品就忙得無 分身了。」

　　接著，高橋望著天花板說：

　　「說不定…我們真的做太多產品了，如果能將所有精力放在 DVD，狀況或許會比現在好一點。」戶崎一邊點頭，一邊繼續發問。

　　「順帶一提，我想知道『沒去跑業務』是什麼意思，是『沒去拜訪客戶』還是『沒有可提案的商品』呢？」

　　「當然是『沒去拜訪客戶』。」浪江回答。

　　「還有一點想要確認，意思是現有的生意沒有下滑，只是沒辦法創造新業績嗎？」

　　「是的，之前會覺得 DVD 沒問題，是因為大部分的業績都沒下滑，卻渾

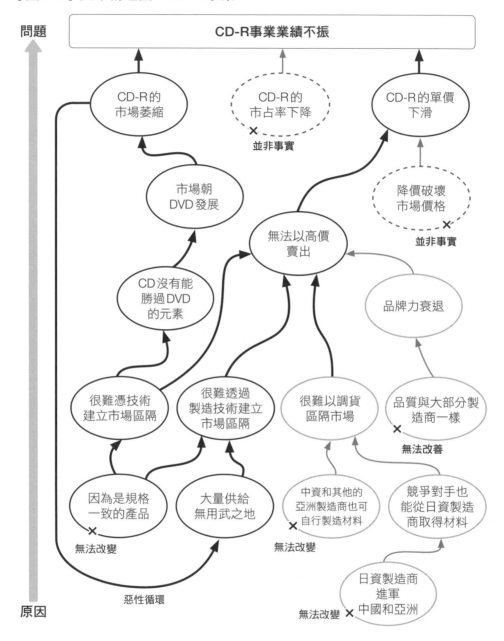

問題

CD-R事業業績不振

CD-R的
市場萎縮

CD-R的
市占率下降
✕
並非事實

CD-R的單價
下滑

市場朝
DVD發展

無法以高價
賣出

降價破壞
市場價格
✕
並非事實

CD沒有能
勝過DVD
的元素

品牌力衰退

很難憑技術
建立市場區隔

很難透過
製造技術建立
市場區隔

很難以調貨
區隔市場

品質與大部分製
造商一樣
✕
無法改善

因為是規格
一致的產品
✕
無法改變

大量供給
無用武之地

中資和其他的
亞洲製造商也可
自行製造材料
✕
無法改變

競爭對手也
能從日資製造
商取得材料

日資製造商
進軍
中國和亞洲
✕
無法改變

惡性循環

原因

然不知還有更多可以爭取的生意。」浪江如此回答。

看來沒辦法創造新業績的原因的確是「沒去提案」。聽取沒去提案的原因之後，才知道過去探聽提案資訊的資訊交換會已經停辦了。不過，沒辦法像以前一樣拜訪客戶也是一大原因。

之後又針對「沒辦法拜訪客戶」的原因繼續討論。高橋認為多媒體事業部過去只專注於卡帶與 FDD，為這些顧客指派了專屬的負責人（圖 3-3）。當時的顧客端也只有一名負責人，所以我們只需要指派一名負責人，就能負責所有相關的業務，但現在銷售的產品已經不只卡帶與 FDD，顧客那邊也為每項商品指派了專任的負責人。由於客戶端的這些專任負責人都擁有高度的專業知識，所以我們這邊的業務員也必須擁有相當的知識量，而為了累積這些知識量，我們的業務員就得花不少時間了解產品或技術的走向，也因此愈來愈無法去拜訪客戶。

戶崎問高橋：「為什麼大環境變化得這麼快，卻還是採用舊制度呢？到底是業務員的業務技巧出了問題，還是業務員的人數不足？或者是與顧客的溝通不良呢？」沒想到高橋的回答卻簡單得讓人覺得沒回答。

「其實也沒什麼原因，就只是沒有檢視以前的方法，所以才變成現在這樣。要立刻調整也不是不行啦⋯⋯」

【圖3-3】多媒體事業部業務員工作範圍的變化

早期 / 現在

A 公司
卡帶 FDD

業務員 A
卡帶 FDD

A 公司
卡帶 FDD MO CD-R/RW DVD-R/RW

業務員 A
卡帶 FDD MO CD-R/RW DVD-R/RW

B 公司
卡帶 FDD

業務員 B
卡帶 FDD

B 公司
卡帶 FDD MO CD-R/RW DVD-R/RW

業務員 B
卡帶 FDD MO CD-R/RW DVD-R/RW

C 公司
卡帶 FDD

業務員 C
卡帶 FDD

C 公司
卡帶 FDD MO CD-R/RW DVD-R/RW

業務員 C
卡帶 FDD MO CD-R/RW DVD-R/RW

戶崎統整了會議內容之後，還針對 DVD-R 事業繪製了「因果構造圖」（圖 3-4）。

「看來這個事業有許多得改善的地方，至於該怎麼做，讓我們之後再好好討論。」一來是會議時間已經差不多了，其次是 DVD-R 的問題得當成回家功課討論。在會議的最後，開始討論營業用錄影帶的部分。

盲點藏在哪裡？探討營業用錄影帶事業的原因

「營業用錄影帶的占比明明很高，但業績卻不斷下滑，這到底是為什麼啊？」面對戶崎提出的這個問題，浪江不禁自嘲地答道。

「這是因為那些業務員不懂什麼叫做跑業務，所以不僅沒辦法爭取到新客戶，連老客戶都顧不好」聽到這裡，高橋不禁厲聲怒吼。

「喂，浪江，你怎麼可以這樣說自己的同事！」

「對不起，我說得太過分了。」浪江如此道歉後，戶崎接著問。

「你說的或許是原因之一，但把錯全怪在業務員頭上也沒辦法解決問題，有沒有什麼是公司或整個組織能解決的原因呢？」高橋大為贊同地點了點頭之後，浪江回頭看了看高橋，接著說：

「這或許是新人教育不夠確實啦，但從全公司的業績不斷下滑這點來看，磁帶媒介的業績沒有成長，今後也好像不會成長，所以才會讓業績不錯的業務員負責 CD 或 DVD 的業務，至於那些不大會跑業務的業務員則是負責磁帶媒介的業務。話說回來，顧客那邊也沒派多少人負責磁帶媒介的業務，所以我們才讓同一個人負責家用錄影帶、營業用錄影帶與卡帶的業務……」

「這樣啊……原來是這樣啊！」突然靈光一閃的戶崎，身體往前傾說：「意思就是營業用錄影帶的市場不斷成長，卻讓營業用錄影帶跟著家用錄影帶與卡帶一起降價，對吧？」

安達點頭說：「或許真如你所說。我們覺得磁帶媒介的業績下滑是理所當然的事，所以也沒花太多時間研究營業用錄影帶。這當然是業務部的問題，但業務員似乎都沒好好研究市場的動向，所以不管是營業用、家用的錄影帶還是卡帶，都在不了解市場的情況下，設定了相同的降價幅度。」

「這的確有可能，我們似乎突破了盲點。」高橋回答。

「呃……請大家稍等一下，」山邊插嘴：「我還記得負責 SUNY 業務的同

【圖3-4】因果構造圖：DVD-R事業

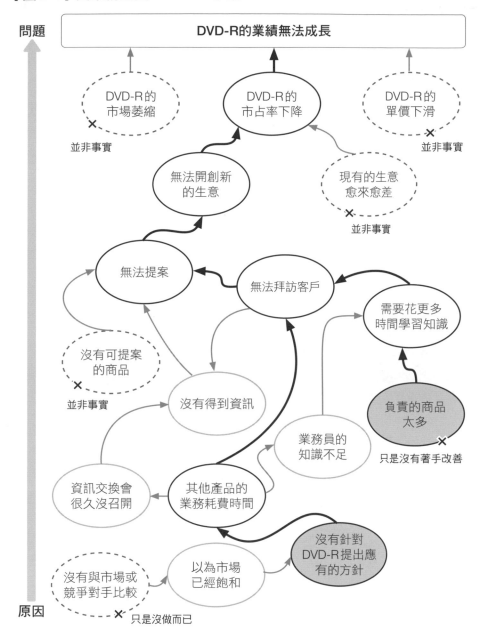

問題

DVD-R的業績無法成長

DVD-R的
市場萎縮
✕
並非事實

DVD-R的
市占率下降

DVD-R的
單價下滑
✕
並非事實

無法開創新
的生意

現有的生意
愈來愈差
✕
並非事實

無法提案

無法拜訪客戶

需要花更多
時間學習知識

沒有可提案
的商品
✕
並非事實

沒有得到資訊

業務員的
知識不足

負責的商品
太多
✕
只是沒有著手改善

資訊交換會
很久沒召開

其他產品的
業務耗費時間

以為市場
已經飽和

沒有針對
DVD-R提出應
有的方針

沒有與市場或
競爭對手比較 ✕ 只是沒做而已

原因

事告訴我，顧客要求以相同的價格購買家用與營業用的錄影帶，所以這二種錄影帶的價格必須一樣。這才是原因吧？」

對此，浪江提出相反的意見：「我沒聽過這件事耶，我記得顧客只是為了殺價才這麼說的吧。」浪江與山邊討論了一會兒之後，沒辦法確定誰說得才是對的，所以決定在下次開會之前問清楚。

不管哪邊的說法才是對的，戶崎還是先將會議結果整理成因果構造圖（圖3-5）。不過，倘若還沒得到正確的資訊就繼續討論下去，恐怕會朝錯誤的方向討論，因此蒐集值得參考的資訊成了大家的回家功課，這天的會議也跟著結束了。

【圖3-5】因果構造圖：營業用錄影帶事業

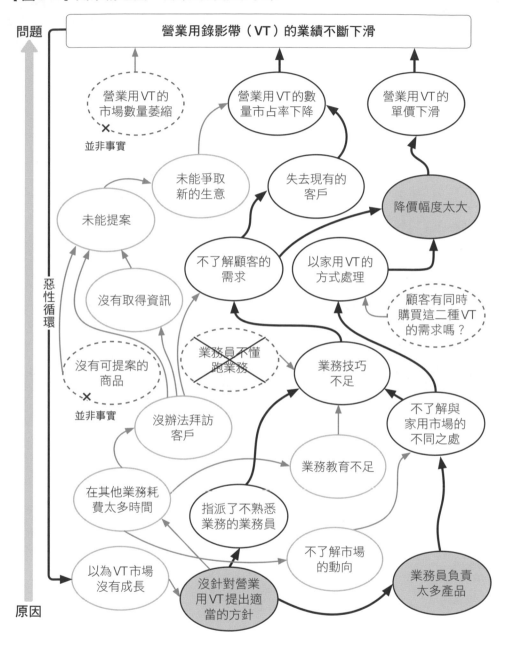

- 在追究原因之前
- 利用因果構造圖深掘、廣掘原因
- 確認找出的因果關係是否正確
- 決定對策

在追究原因之前

避免「銅板翻面的思考模式」

在 WHERE 找出問題之後，下一個階段就是 WHY。讓我們在這個階段連問二次自己「為何？為何？」找出問題的原因。

在此先為大家介紹「銅板翻面」這個在顧問業界常用的詞彙。銅板翻面的思考模式是指「一遇到問題，就立刻像是反射動作那般採取對策」。若以連鎖咖啡廳的早餐商品銷路持續下滑為例，就是立刻思考「提升早餐商品業績的方法」，如果問題是「三十幾歲的男性顧客太少」，就是反射性地思考「招攬三十幾歲男性顧客的方法」。這種思考模式到底哪裡不行呢？

當我們開始思考「提升早餐商品業績的方法」，就無法確定造成問題的原因，只會想到「讓早餐的菜單更豐富」、「降價促銷」、「打廣告」、「提早一個小時營業」這些對策。雖然這麼做還是比問題範圍不做任何縮減，直接思考「提升業績的方法」來得好，但是會浪費不少時間試錯，效率也不佳。當我們找到問題後，不該反射性地思考對策，而是要進一步探討問題的原因，也就是執行「為何為何分析法」。請大家務必記得「不要採取銅板翻面的思考模式」。

「哪裡哪裡」和「為何為何」的差異

在 WHY 階段追究原因的方法稱為「為何為何分析法」，而在 WHERE 階段找出問題的方法稱為「哪裡哪裡分析法」，整個流程就是先執行「哪裡哪裡分析法」，接著再執行「為何為何分析法」。在介紹「為何為何分析法」之前，讓我為大家說明「哪裡哪裡分析法」與「為何為何分析法」有什麼不同。第二章已經講解過「分解法」與「深掘法」的差異。「分解法」就是將問題拆解

成相同維度的問題，而「深掘法」就是將問題拆解成不同維度的問題，藉此探討因果關係。「分解法」是一種加法，「深掘法」是一種乘法。

請大家先將視線移向圖 3-6。利用「哪裡哪裡分析法」分析連鎖咖啡廳業績下滑的問題之後，可將問題拆解成「上午餐點的營業額」、「上午飲料的營業額」、「下午餐點的營業額」、「下午飲料的營業額」這幾個問題，而這幾個問題都屬於相同維度的問題。如果進一步拆解，可拆解出「以男性為對象的上午餐點的營業額」、「以女性為對象的上午餐點的營業額」，一樣都是將焦點放在「營業額」上。這種以相同的觀點拆解問題的方法就是「哪裡哪裡分析法」。

「為何為何分析法」則是針對問題的原因思考因果關係。如果要思考的是「上午餐點的營業額為什麼會下滑」，原因有可能會是「點這類餐點的人數愈來愈少」或是「客單價下滑」。如果要思考的是「點這類餐點的人數愈來愈少」，原因有可能是「不好吃」、「量太少」、「花時間」。想必大家已經明白「為何為何分析法」與「哪裡哪裡分析法」的差異了。

執行「哪裡哪裡分析」時，不管拆解多少次問題，焦點始終是「營業額」，但是透過「為何為何分析法」深掘會找出人數、單價、味道、分量、時間這些與最初的問題，也就是與「營業額」完全不同的觀點。像這樣不斷地將問

【圖3-6】「哪裡哪裡」與「為何為何」

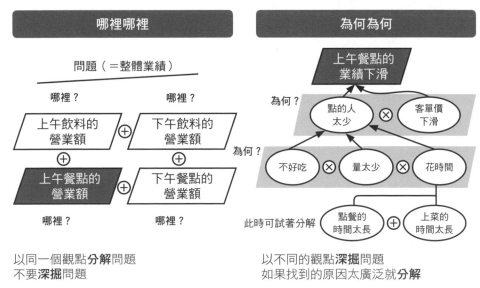

題拆解不同維度的問題，就是「為何為何分析法」的基本邏輯。

不過在進行「為何為何分析」時，偶爾可以「分解」一下問題。

請大家將視線再度移回圖 3-6。如果在探討原因時，找到「時間太長」這個原因，但這裡的「時間」其實有很多定義，所以若針對這個原因繼續探討，說不定會找到各種讓效率下降的原因，此時便可從「時間」這個觀點執行「分解法」，有可能會分解出「點餐的時間太長」或「上菜的時間太長」這類原因。在深掘原因時，若覺得範圍愈來愈廣泛，不妨試著執行「分解法」，縮減原因的範圍再進行下個步驟。

利用「因果構造圖」思考

接下來要為大家介紹「因果構造圖」這項工具，也就是「為何為何分析法」，這項工具或方法很適合用來探討 WHY。因果構造圖已在前面的故事出現過，我們要透過圖 3-7 介紹完成的因果構造圖與繪製方法。

繪製方法如下。第一步，先在最上方填入「在 WHERE 階段找到的問題」，接著以「為何為何分析法」深入探討原因。倘若這張圖變得很複雜，有可能會看不出原因與結果的相關性，此時請從原因拉一條箭頭指向結果。順帶一提，TOYOTA 汽車是從結果拉一條箭頭指向結果，只要自己清楚哪邊是結果、哪裡是原因，箭頭的方向就不是那麼重要。

在深掘時，必須一邊確認每個事實，一邊寫下「事實」。如果看起來合乎邏輯，一調查卻發現該問題不是事實，抑或只是推測，還不知道是不是事實的時候，可改以虛線標記，藉此與「事實」區分。

在深掘的過程中會找到很多原因，所以會出現很多支線才對，此時必須思考「哪邊才是主要的原因」，排除枝微末節的原因，才能更有效率找到有助解決問題的原因。建議大家把「主要原因」的箭頭畫得粗一點，才能一眼找到主要原因。

若以故事的情況來看，圖 3-4 的 DVD-R 事業有「無法提案」這個原因，戶崎則以「沒有可以提案的商品」、「沒有得到資訊」、「無法拜訪客戶」這些觀點思考這個原因，而其中影響最大的是「無法拜訪客戶」。

像這樣找出「主要原因」之後，就能進一步討論「為什麼無法拜訪客戶」，也就能更有效率地分析原因。

【圖3-7】因果構造圖的繪製方法

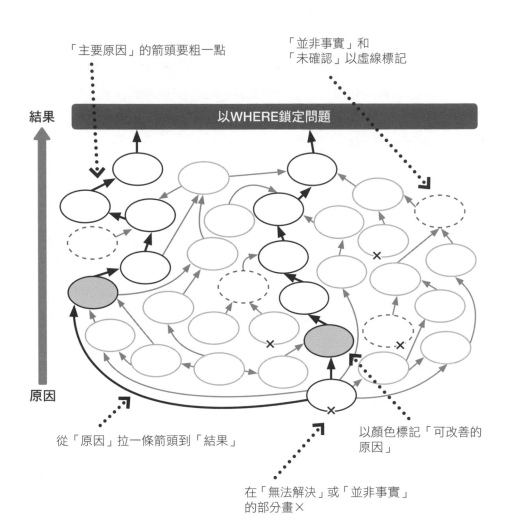

「主要原因」的箭頭要粗一點

「並非事實」和
「未確認」以虛線標記

結果

以WHERE鎖定問題

原因

從「原因」拉一條箭頭到「結果」

在「無法解決」或「並非事實」
的部分畫×

以顏色標記「可改善的
原因」

在深掘的過程中，有時會遇到無法解決或不是事實的原因，此時不需要繼續深掘，只需要畫個 X 略過。找到「似乎能予以改善的原因」之後，可利用顏色標記這個原因，方便日後閱讀。

順帶一提，有些人會以 WHERE 介紹的「邏輯樹」代替「因果構造圖」，也就是利用邏輯樹進行深掘，但我不大推薦這麼做。主要的原因有三：

一是「不夠深入」。「邏輯樹」是說明事物分歧、分枝的圖，重點不在於「深掘」，而是「找出疏漏」。二是「很難畫得清楚」。我想大家應該已經發現因果構造圖的箭頭，也就是代表因果關係的箭頭很複雜，很難畫成邏輯樹那種清晰的分歧構造。三是「一不小心就會把 WHERE 與 HOW 混為一談」。

理論上，邏輯樹可達成「WHERE 需要的範圍縮減」、「WHY 的深掘」與「HOW 的篩選」，但如果只以邏輯樹畫出 WHERE、WHY、HOW 的流程，很有可能在 WHERE 的階段提早討論原因，或是明明已經進入 WHY 的階段，卻又折回 WHERE 的階段，把 WHERE 與 WHY 混為一談的人其實非常多。

既然「因果構造圖」是分析原因的最佳工具，請大家務必熟悉這項工具的使用方法。

探討原因的流程

接著要進入 WHY 階段，開始探討原因，而探討的流程主要可分成下列三步驟：

1　利用因果構造圖既深且廣地探討
2　確認找到的因果關係是否正確
3　決定要改善的部分

一開始得先透過「因果構造圖」兼顧深度與廣度地挖掘原因，如果沒把所有原因找出來，或是寫了不是事實的原因，就無法解決問題。

第二步是確認找到的因果關係是否正確。有時候我們會以為自己找到所有原因，後來才發現漏掉某些原因，所以為了避免這個情況，必須複檢找到的因果關係。

最後是從找到的原因之中，挑出要改善的部分。有些過於接近核心的原

因是無法改善的，但改善過於表面的原因也一樣無法解決問題，所以最後一步就是一邊看著因果構造圖，一邊挑出要改善的部分。接著就為大家進一步說明探討原因的流程。

透過因果構造圖深掘、廣掘原因

「為何為何分析法」的八個重點

　　其實因果構造圖不是那麼容易畫，雖然畫一些圈圈，加幾條箭頭，可以畫出有點像樣的因果構造圖，但是真要解決什麼問題時，「為何為何分析法」就沒想像中的容易上手。要利用「為何為何分析法」解決問題，必須經過三大階段。

　　第一個階段是「深掘」，第二個階段是「放寬探討範圍，避免有所疏漏」，最後是「確認是否正確地深掘」。這三個階段的重點如下：

　　深掘：深入探討
　　①從 WHERE 找到的問題深掘
　　②重複問「為什麼」
　　③注意邏輯是否過於跳躍
　　④不斷深掘，直到無法繼續探討為止

　　廣掘：廣泛探討
　　⑤思考各種可能

　　正掘：正確探討
　　⑥以事實確認因果關係是否正確
　　⑦以正確無誤的用語探討
　　⑧以「自己為主語」繼續探討

① 從 WHERE 找到的問題深掘

　　一開始先為大家講解「深掘」的重點。

　　第一個重點是「從 WHERE 找到的問題探討原因」。或許大家會覺得，這不是廢話嗎？好不容易在 WHERE 的階段找到問題，當然要根據這些問題探討原因，但其實很多人在這個時候受挫，一旦出師不利，後面再怎麼努力，也很可能找不到正確的原因。

請大家將注意力放在圖3-8。左圖的「A」是很常見的錯誤案例，主要就是在 WHERE 的階段找到「連鎖咖啡廳的早上餐點的業績下滑」這個問題之後，忘記加註「餐點」這個項目的情況，所以才會找到「咖啡難喝」這個與「餐點」無關的原因。好不容易在前面的階段縮減了問題範圍，卻又在此時不自覺地放寬問題的範圍，很可能會不小心分析與問題無關的原因。

此外，右側的「B」則是將「業績下滑」這個問題不小心寫成「業績太低」的情況。如果我們在思考「業績太低的原因」之後，找到「早餐太貴」這個原因。乍看之下，這個原因似乎是正確的，但希望大家能再仔細想一下。

倘若從以前到現在，早餐的售價都很高，而且「不管是以前還是現在，早餐的業績都很低」，那麼前述的原因或許是正確的，但問題明明不是早餐的業績「太低」，而是早餐的業績「下滑」。如果早餐一直都很貴，為什麼業績會突然「下滑」呢？思考「業績下滑」的原因時，有可能會得出「消費者吃膩早餐」或是「早餐比附近的店家來得貴」的結論，由此可知，「不管過去或現在，業績都很低」的原因與「近來業績持續下滑」的原因是不同的。

前面的故事也提到了 CD-R 與 DVD-R 這二個事業，而這二個事業的問題有些不一樣的地方。CD-R 事業與營業用錄影帶事業的問題是「業績下滑」，

【圖3-8】從 WHERE 找到的問題深掘

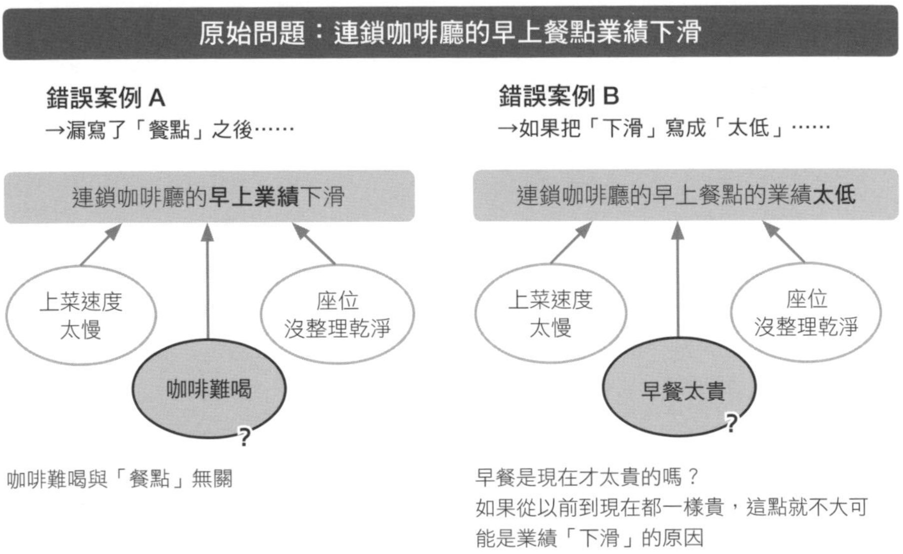

原始問題：連鎖咖啡廳的早上餐點業績下滑

錯誤案例 A
→漏寫了「餐點」之後……

連鎖咖啡廳的**早上業績下滑**

上菜速度太慢　　座位沒整理乾淨

咖啡難喝？

咖啡難喝與「餐點」無關

錯誤案例 B
→如果把「下滑」寫成「太低」……

連鎖咖啡廳的早上餐點的業績**太低**

上菜速度太慢　　座位沒整理乾淨

早餐太貴？

早餐是現在才太貴的嗎？
如果從以前到現在都一樣貴，這點就不大可能是業績「下滑」的原因

但 DVD-R 事業的問題卻是「業績沒有成長」，我們必須知道這二個問題是不同的。在檢討 DVD-R 事業時，安達課長曾問自己「明明業績沒有下滑，那問題到底出在哪呢？」後來戶崎則說明問題在於「業績沒有成長」。如果此時誤以為問題是「DVD-R 事業的業績持續下滑的原因是什麼？」，恐怕就無法正確分析原因。

由此可知，不過是一點點語氣上的不同，就有可能讓我們無法正確探討原因，所以重點在於先把在 WHERE 找到的問題寫在「因果構造圖」的上方，接著一邊看著問題的內容，一邊以「為何為何分析法」持續探討。

② 重複問「為什麼」

如果起步順利，接著就是「重複問為什麼」。或許大家聽過，在探討原因的時候，要問「五次為什麼」。為什麼在探討原因的時候，要問五次為什麼呢？探討的深度不足，又會發生什麼事？讓我以實際解決過的問題為大家解答這二個疑問。

我記得，那次是與業務負責人一起解決新人遲遲拿不到訂單的問題。這位新人通常可以走到與客戶簽約的最後一步，卻常常在這一步失敗，沒辦法讓客戶真的簽約，所以這位負責人認為這位新人之所以「沒辦法讓客戶簽約」，是因為他沒辦法「說服客戶」。所以要求這位新人拿過去成功簽約的例子練習話術，但效果依舊不彰。簡單來說，這位負責人在面對「新人拿不到訂單」這個問題時，認為問題的原因是「無法說服客戶」，擬定的解決方案則是「要新人拿過去成功簽約的例子練習話術」（圖 3-9）。

不過，當我們與那位新人以及相關人士聊過之後，發現原因根本不在於「無法說服客戶」。後來我們才發現，明明是簽約的場合，這位新人常常反被客戶問「你了解我的需求了嗎？」「今天的提案就可以了嗎？還是下次要重新提案？」在我們確認事實，進一步探討原因之後，才發現「無法說服客戶」的背後，藏著「提案內容與客戶需求不一致」或是「沒問出客戶真正的需求」這類原因，而且那位新人總是一股腦地說明商品，「沒留半點時間傾聽客戶的需求」。也就是若不改善「沒留半點時間傾聽客戶的需求」這個原因，就無法解決拿不到訂單的問題。所以「練習話術」這個對策反而適得其反，讓那位新人更沒時間傾聽客戶的需求。

【圖3-9】深掘問題找原因和對策

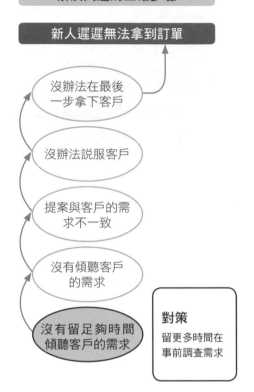

「為何為何分析」如果不夠深入

新人遲遲無法拿到訂單

沒辦法在最後一步拿下客戶

沒辦法說服客戶

對策
拿過去成功簽約的例子練習話術

這是為何？

沒有探討到「更深層的原因」，所以對策不一定有效果，也不一定可行

解決問題的正確步驟

新人遲遲無法拿到訂單

沒辦法在最後一步拿下客戶

沒辦法說服客戶

提案與客戶的需求不一致

沒有傾聽客戶的需求

沒有留足夠時間傾聽客戶的需求

對策
留更多時間在事前調查需求

若能深掘，就能找到效果顯著又可行的對策

　　這種看到問題就直接研擬對策的思考邏輯近似於「銅板翻面」的思考模式，研擬的對策也往往無法真的解決問題。

　　如果無法深掘原因，就有可能找不到「更深層的原因」，此時不管實施什麼對策，往往無法奏效。

　　雖然這裡提到「為什麼要問五次」，但次數不一定僅限五次，真正的用意在於「至少要問五次，藉此不斷深掘原因」。

　　為了有效率地解決問題，請大家務必深掘原因。

③ 注意邏輯是否過於跳躍

接著要請大家注意「邏輯的不連續性」，這是在探討原因之際，邏輯過於跳躍，導致邏輯前後不一致的狀態。一旦邏輯不連續，就代表因果關係有問題，或是忽略了某些原因，而無法解決問題。讓我們以某位製造商的對話為例：

「為什麼新商品的銷售數量遲遲無法增長？」
「原因是跑業務的新人教育不夠扎實。」

這類對話其實很常見，但原因與結果之間的邏輯實在太過跳躍。在這段對話裡，「新商品的銷售數量無法增長」是結果，而原因是「新人教育不夠扎實」，但這真的是原因嗎？明明還可能有其他的原因，原因與結果之間的相關性也太過薄弱。此外，「跑業務的新人教育若是確實」到底與「銷售數量增長」有什麼關聯性？完全看不出落實這類新人教育的效果（圖3-10）。

如果要正確地探討原因，並試著從中找出原因與結果之間的關聯，就應該會找出「新商品的銷售數量遲遲無法增長」←「客戶對新商品的了解不足」←「業務員沒好好地說明新商品」←「業務員不夠了解新商品」←「新人教育不夠確實」這一連串的原因才對。若能如此探討原因與結果的關聯性，「新人教育不夠確實」才能稱得上是「新商品的銷售數量遲遲無法增長」這個結果的原因，對方也才能聽懂你的意思。

此外，若能「落實新人教育」，就能讓「業務員更了解新商品」，「業務員也能為客戶說明商品」，自然「客戶就更了解商品」，「新商品的銷售數量就會跟著成長」，只要從最根本的原因開始改善，就能一步步解決每個階段的問題，也能釐清每個階段的問題。

一旦發現「業務員沒對客戶說明新商品」這個原因，就能想到「業務員不夠了解新商品」或「簡報能力不足」這些原因。

同理可證，從「業務員不夠了解新商品」這個原因也能聯想到「沒有能在現場使用的促銷資料」這個原因，如此一來，就能繪製因果關係更加縝密的因果構造圖。

接著讓我們對照故事三的例子。安達課長認為，DVD-R事業的業績無法

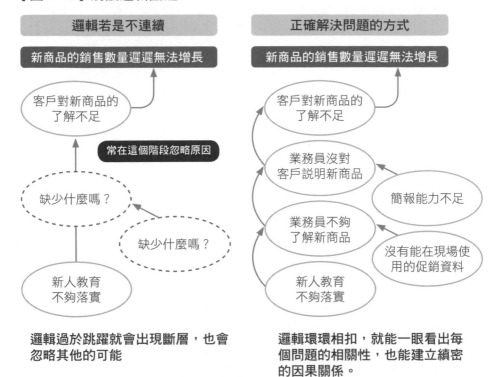

【圖3-10】別讓邏輯斷鏈

邏輯若是不連續	正確解決問題的方式

新商品的銷售數量遲遲無法增長

客戶對新商品的了解不足

常在這個階段忽略原因

缺少什麼嗎？

缺少什麼嗎？

新人教育不夠落實

邏輯過於跳躍就會出現斷層，也會忽略其他的可能

新商品的銷售數量遲遲無法增長

客戶對新商品的了解不足

業務員沒對客戶說明新商品

簡報能力不足

業務員不夠了解新商品

沒有能在現場使用的促銷資料

新人教育不夠落實

邏輯環環相扣，就能一眼看出每個問題的相關性，也能建立縝密的因果關係。

成長的原因在於「沒有提出讓DVD事業成長的方針」，對此，戶崎認為這樣的說法太過武斷，邏輯出現斷層。如果提出「重視DVD市場」的方針，就能讓業績成長，那事情就簡單多了，但真正的重點在於檢視原因與結果的關聯性，找出真正的原因所在。

正確地找出結果與原因之間的關聯性，是正確解決問題的不二法門，也能避免邏輯出現斷層。如果輕忽這個步驟，就會導出效果不彰的對策，這點還請大家務必注意。

④ 不斷深掘，直到無法繼續探討為止

學會深掘的方法之後，有時會突然冒出「到底要探討到多深才能停」這個疑問。重點在於「直到無法繼續探討為止」。所謂的「無法繼續探討」可分成下列三種情況（圖3-11）：

【圖3-11】何謂「喊停」

A　再探討，也無法解決的情況
B　只是剛好沒實施對策的情況
C　陷入惡性循環的情況

沒有進入箭頭的原因

A　再探討，也無法解決的情況

B　只是剛好沒實施對策的情況

C　陷入惡性循環的情況

接著讓我們想想這三種情況。

　　讓我們先想想 A「再探討，也無法解決的情況」。如果我們的問題是遊樂園的來客數減少，我們可以找出「來客數減少 ← 客人不想光顧 ← 交通不方便 ← 很難開車前來」←。停車位不足」這一連串的原因，但探討到這裡就好了嗎？若再繼續往下探討，可能會得到「停車位不足 ← 地價太貴 ← 東京是東京都市圈 ← 東軍在關原之戰取得勝利……」，想必大家都知道，探討到這個地步之後，就沒必要再繼續探討對吧，所以當我們探討到「再探討也無法解決的情況」就該「喊停」，不需要繼續探討下去。

　　接著，我們探討 B「只是剛好沒實施對策的情況」。這次的問題一樣是遊樂園的來客數減少，但我們找到的是「客人不想光顧 ← 沒有宣傳遊樂園的魅力 ← 沒有花錢打廣告」這一連串的原因。為什麼不花錢打廣告？如果之前不花錢打廣告，也能吸引客人，那麼被問到：「沒有花錢打廣告」，恐怕只能回答「因為之前沒打廣告，也沒什麼問題」。

　　倘若是這種原因無他，只是「沒有實施對策」的情況，那就不需要繼續探討。此外，如果原因「剛好是沒實施對策」，其實還算幸運，因為沒有其他原因，也能立刻實施對策。在市場如此不景氣的現在，原因通常不會是「沒

有實施對策」這麼簡單，但如果真的這麼單純，那就立刻實施對策吧。

至於 C「陷入惡性循環的情況」，就是該原因與其他原因互為因果，無法探討出其他原因的情況。如果問題一樣是遊樂園的來客數減少，而原因是「客人不想光顧」←「活動不吸引人」←「活動不夠熱鬧」，而「活動不夠熱鬧」的原因若是「來客數不夠」，那麼等於繞了一圈，回到最初的問題。其實前面的故事也曾出現相同的情況。在探討 CD-R 事業的單價下滑時，多媒體事業部的同仁認為原因是「無法透過製造技術建立市場區隔，所以無法活用自家公司的強項，也就是能大量供給的能力」，但進一步探討之後，便發現真正的原因在於市場萎縮，所以陷入單價下滑與市場萎縮這二個原因的循環。

一旦陷入這種惡性循環的確很難脫困，但如果能從其他角度實施對策，有時可將惡性循環扭轉成良性循環，帶來極大的商機。之後會在實施對策的章節進一步說明這個部分，但在實際情況下，通常都是「惡性循環」，所以該如何截斷這類惡性循環，顯然是比較重要的課題。

⑤ 思考各種可能

到目前為止的主題都是「深掘的方法」，接下來要為大家說明「既深且廣的探討方式」。在繪製因果構造圖的時候，深掘原因固然重要，但鉅細靡遺地思考各種可能也非常重要。當我們無法兼顧這二種探討方式，很有可能會一根腸子通到底，不斷地從某個原因往下探討，但這樣很可能會忽略其他原因，導致我們找不到正確的對策。

在前述的故事裡，戶崎為了找出所有業績下滑的原因，將問題分解成「營業額為市場數量、數量市占率與單價相乘的結果」。安達課長認為 CD-R 事業的業績之所以下滑，主因在於「市場萎縮」，但戶崎卻提出「進一步探討單價下滑」的要求，繼續探討相關的原因。如果沒在一開始分解問題，只針對單一的原因深掘，很可能會有所忽略，進而無法找到真正的原因，所以在深掘原因的同時，廣泛地思考各種原因也是非常重要的。

在此為大家介紹四種「鉅細靡遺地」找出各種原因的思考模式：

（1）以對立概念分解：MECE

所謂的對立概念就是「A 與不是 A 的東西」，指的是彼此對立的概念。舉例來說，業績可分割為「新商品與現有商品」，成本可分割為「材料費、雜務費、經費、間接費用」。原本這是在 WHERE 使用的思考模式，但如果在 WHY 探討原因時遇到阻礙，可試著以 MECE 的思考模式分解問題。

（2）以數學或概念進行因數分解：LISS

在此要為大家介紹 LISS（Linear Independence and Spanning Sets）這個概念。直譯就是「線性獨立的空間集合」，簡單來說，是「乘法性質的彼此獨立、互無遺漏」。

MECE 是「加法性質的彼此獨立、互無遺漏」，而 LISS 則是利用算式或概念進行乘法性質的因數分解。

顧名思義，數學的因數分解就是以乘法的公式說明組成某個元素的因數，而在前述的故事裡，戶崎將「營業額」分解成「市場數量 × 數量市占率 × 單價」，這種分解方式就是乘法性質的因數分解，只要算式沒錯，就能「鉅細靡遺地」找出所有原因。除了這個算式之外，還能以其他的方式進行因數分解，所以讓我們根據後續探討原因的難易度，思考各種算式吧。

至於概念性質的因數分解則是以乘法說明組成某個元素的因數，盡管沒有明確的算式可言，但可將組織力分解成「人數 × 技巧 × 幹勁」，產品也可分解成「質 × 量」。進行這種概念性質的因數分解時，不大可能會有算式，所以很難確認有沒有疏漏，若先學會常見的分解方法就能順利分解。

（3）透過流程分解

所謂的流程分解就是將焦點放在事物的「流程」。例如以「注意到咖啡廳→進入咖啡廳→入座→點餐→進食→結帳」的流程，分析連鎖咖啡廳的業績。或是以「準備機具→輸入材料→裁斷→沖壓加工→搬運→塗裝修飾」的流程，說明工廠的生產線。由於觀察流程的前後可確認有沒有疏漏任何步驟，所以這是一種方便好用的思考模式。順帶一提，TOYOTA 汽車在遇到問題時，會先在 WHERE 階段鎖定問題，之後一定會進行「流程分解」這個步驟，透過流程縮小問題的範圍，再進入 WHY 階段。

（4）利用現有的框架分解

前述的（1）至（3）都是自己一個人思考的情況，但其實還能利用現有的框架分解，這也是「符合特定目的的制式分解方式」。舉例來說，若是與行銷有關的主題，通常會使用 4P 這種框架處理，也就是 Product（產品）、Price（價格）、Place（通路）和 Promotion（促銷）。如果是與製造業有關的主題，則通常會使用產品製造框架 4M 分析，也就是 Man（人力）、Machine（設備）、Material（材料）和 Method（工法）。此外，還有「經營資源」框架，也就是人力、物力、資金，以及 QCD 的品質（Quality）、成本（Cost）、交期（Deliver）的框架，都非常方便好用。

⑥ 以事實確認因果關係是否正確

掌握前面介紹的重點之後，我們已經能「既深且廣」地探討原因了，所以接下來要為大家說明「正確地」探討的重點。一開始先為大家解說「以事實確認因果關係是否正確」的思考模式。

在繪製因果構造圖的時候，我們通常會以「這個問題的原因是這個」、「那個問題的原因是那個」的方式探討，但我們還得確認每個原因「是不是事實」。換言之，就是去問了解問題的人或是自己親自去驗證。「未以事實確認」的狀態就是以「應該是這樣吧？」的態度，或是憑著模糊的記憶或推測探討原因的狀態。

如果沒確認原因是否「屬實」，就很有可能犯下大錯。接著讓我們一起看看實際的例子。

倘若我們以下列的推測探討遊樂園業績下滑的原因（結果 ← 原因）：

來客數減少 ← 客人不想光顧 ← 交通不方便 ← 很難開車前來 ← 停車位不足

最終想到的解決方案，是「增加停車位」。

可是當我們針對一般顧客與潛在顧客實施問卷調查，確認事實之後，發現「客人不想光顧」的原因並非「交通不方便」，而是「遊樂設施很無聊」，那麼就算投入大筆資金增加停車位，恐怕也無法提升業績。像這樣只憑想像或推測進行「為何為何分析法」是非常危險的事。

可惜的是，我們不可能透過事實確認所有的可能，因為整個過程肯定非

常繁瑣，有再多時間也確認不完。因此在開始探討原因時，不一定要掌握所有的「事實」，反之，如果只根據自己掌握的「事實」就開始探討原因，探討的範圍就會變得很窄，因而找不到真正的原因。

　　建議大家在開始探討原因時，先根據「事實」與推測，廣泛地思考各種可能。當想法外展至一定的程度，再確認每個有可能影響結論的重點是否屬實，之後再針對「屬實」的部分繼續探討原因，應該就能很高的機率快速找到真正的原因。

　　在前面的故事裡，所有人針對各種事業討論業績下滑的原因或是業績無法成長的原因時，也是先放寬思考的範圍，之後再以「下次確認」的方式確認原因是否屬實。具體的做法就是當他們在討論營業用錄影帶事業的降價時，山邊提出「客人都是同時買營業用與家用的錄影帶，所以無法分開來標價」，但是浪江在聽到這個說法後又說「他從來沒聽過這種情況」，當下也無法證明誰對誰錯，所以只好先調查清楚再說。在不知道原因是否「屬實」時，別硬是繼續探討，而是得先確認事實。

　　順帶一提，TOYOTA 汽車以「現地現物」替代「以事實確認因果關係」這個概念。所謂的現地現物是指親赴第一線，用自己的雙眼驗證的意思，若是在「現地現物」加上「現場」，就是所謂的「三現主義」，可能大家也聽過這個名詞吧。剛剛已經提過，只憑著想像或推測透過「為何為何分析法」探討原因是非常危險的，雖然從別人的口中確認事實比沒確認事實來得好，但這樣還是不夠，因為對方可能帶有主觀，也有可能說錯，所以要確認「原因是否屬實」，最好還是親赴當地，「用自己的雙眼實際確認」。

⑦ 以正確無誤的用語探討

　　在喊停之前既深且廣的探討時，也要注意「以正確無誤的用語探討」這點，意思是「使用清楚正確的表達繪製因果構造圖，避免朝意外的方向探討」。前面曾針對遊樂園來客數減少的原因，進行了下列的探討（結果 ← 原因）：

　　客人不想光顧 ← 沒有宣傳遊樂園的魅力 ← 沒有花錢打廣告

　　其中雖然提到了「沒有宣傳遊樂園的魅力」這個原因，但這裡說的「魅力」到底是什麼呢？有些人可能會覺得是遊樂設施的魅力，有些人則覺得是餐廳

的魅力，甚至有些人會覺得是伴手禮的魅力。如果使用「魅力」這種不清不楚的字眼，每個人的見解就會不同，也會朝意想不到的方向討論，還請大家務必注意。這種情況很常在一堆人進行「為何為何分析」時出現，但即使是獨自一人分析，也可能在分析到一半的時候，不知道自己在分析什麼，請大家多多留意。

探討原因時，必須以正確的用語描述原因。以「客人不斷減少」這個問題為例，若不先觀察最初的問題就開始探討，很可能會寫出「停車場太小」、「娛樂設施太無聊」這種原因，但現在的問題明明是「客人不斷減少」，並不是「客人原本就很少」，所以要思考的是「明明以前很多客人上門，為什麼現在會不斷減少？」的問題。

「停車場太小」並不是現在才這樣，早在以前就是如此。倘若停車場真有什麼變化，寫成「停車場變小」才是正確的敘述。如果原因真是「停車場太小」，就可聯想到「沒買到足夠的停車場用地」或是「當初過於低估來客數」這類原因。

如果原因是「停車場變小」，就有可能聯想到「蓋了多餘的建築物」、「為了籌措資金而賣掉停車場」這些有別於上述情況的原因。「太小」與「變小」雖然只有一點點的不同，卻會找到截然不同的原因。

同理可證，「娛樂設施很無聊」的寫法也有問題。一如「來客數不斷減少」的寫法，「娛樂設施不是原本就很無聊」，而是「原本很有趣，最近變得很無聊」，所以在探討原因時，應該要寫成「變得很無聊」才對。

除了上述的二種情況之外，「原本很有趣，現在被客人嫌棄」或「玩第一次很有趣，玩第二次之後就膩了」這種在語氣上的差異，都會讓我們在探討原因時，找到各種不同的原因。或許大家覺得這不過是些許的差異，但在進行「為何為何分析」時，「以正確的用語表達」是件非常重要的事，若想正確而完整地探討原因，請務必重視這件事。

⑧ 以「自己為主語」繼續探討

「為何為何分析法」的最後一個重點就是「以自己為主語繼續探討」，換句話說，就是「以當責的角度思考」，也就是自己為結果擔負完全責任。在實務進行為何為何分析時，這是最重要的關鍵。那麼「以當責的角度思考」到

底是什麼意思呢？

　　當你在日常業務遇到問題時，會不會向下列的情況一樣，把一切的原因都視為別人的責任：

- 因為市場不景氣，所以無計可施。
- 因為客戶的情況有變，所以不得不這樣做。
- 因為競爭對手太會跑業務，所以沒辦法跟他比。
- 因為部屬的成長速度太慢，所以整體業績不佳。

　　不管是誰，或多或少都會有上述這類想法，因為每個人都覺得自己已經拚命做到最好，若是遭人究責也會不好受。更何況如果「承認自己有責任」，可能危及自己的立場，說不定還會遭公司開除，所以我們總是不由自主地覺得「自己沒錯，錯的是環境，是身邊的人」，但要是在解決問題的時候，把所有原因都視為「別人的責任」，會得到什麼結果呢？

　　比方說，當我們將「少子高齡化」這個大環境的問題當成遊樂園的「客人不斷減少」的原因，接著有可能會探討出「少子化的問題愈來愈嚴重的原因在於每個人對於未來愈來愈不安」←「對於未來愈來愈不安的原因在於約聘員工愈來愈多」這類原因，整個討論會放大至國家等級，自然而然會覺得這不是我們能處理的事情。

　　如果換個角度，將錯怪在別人頭上，也就是將「競爭對手 A 提供了新的遊樂設施」當成「客人不斷減少」的原因，又會得到什麼結果？如果在這個前提探討接下來的原因，很有可能得到「A 公司搶先一步改建」、「A 公司順利找到資金來源」這類原因，這麼一來就只是在研究 A 公司成功的原因，無法找出有助於解決自身問題的原因。

　　一旦把錯怪在「環境」或「別人」身上，就找不到解決問題的原因。那麼將「主語換成自己」又能得到什麼結果？如果把「少子高齡化的問題不斷惡化」，換成「自家公司沒有吸引到兒童與銀髮族群」這個原因，就可以找到「沒有托兒設施」、「沒有設計無障礙空間」這些可以自行改善的原因。假如將「競爭對手 A 提供了新的遊樂設施」，換成「自家公司換新的遊樂設施的時間比競爭對手 A 還慢」這個原因，就能找到「自家公司的判斷速度太慢」、「自家公司在資金的調度上不夠努力」這類可自行改善的原因。

在前述的故事三也是一樣，浪江在探討營業用錄影帶事業的業績持續下滑的原因時，一開始也是先把錯怪在負責人頭上，說什麼「這是因為那些業務員不懂什麼叫做跑業務」，但這麼做根本無益於解決問題。或許把不會跑業務的業務員全部開除可以解決問題，但實務上很難這麼做，而且若不改善雇用流程，還是會一再雇用到不懂跑業務的人，由此可知，把錯怪在「環境」或「別人」頭上，是無法解決問題的。

我知道，有時候在職場就會是遇到「明明不是我的錯」的情況，市場不景氣、其他部門出問題、客人很刁鑽、上司很討厭。我不敢說沒有這些狀況，但我們的目的在於找出原因，研擬對策，阻止問題再次發生以及讓情況好轉。或許真的是環境或別人的錯，但我們沒辦法改變這些對吧？一味地抱怨是無法解決問題的。

若把實施對策，解決問題放在第一位，請務必以「自己為主語」，也就是從自責以及自己什麼事沒做好的觀點省思。成功的經營者、業績卓越的業務員或格局較高的董事都是懂得自省的人，愈懂得自省，就愈能深掘原因，進而找到真正的原因，所以他們總是能找到有效的方案以及締造不凡的成果。

「以自己為主語，深掘原因」看似簡單，卻是非常重要的重點，還請大家銘記在心。

處理「企業經營課題」的補充事項

到目前為止，我們已經說明了所有繪製因果構造圖的重點。問題解決是通用的思考邏輯，不管面對什麼主題，都能利用這個方法檢討。

最後要補充的是可用來處理「企業經營課題」的訣竅。有沒有掌握這個訣竅，會影響檢討的速度與完成度，所以請大家務必學起來。

大家可知道，「企業經營」的結果是什麼嗎？如果你的答案是「利益」，可說是完全正確。企業是以營利為目的的團體，企業活動的終點通常是業績扣掉成本的「利益」。就實際的情況而言，股價與市值通常是以預測的利益決定，所以有些人認為，企業經營的結果就是「市值」，但站在事業經營的立場來看，市值是可以操控的，所以大部分的人還是把「利益」視為最終指標。換言之，企業經營的 WHERE，就是「利益」、「營業額」、「成本」這些財務數值。

接下來要進入 WHY 階段與因果構造圖，這張因果構造圖大致為圖 3-12 的樣子。企業經營的問題通常是「利益」這些「財務數據」。若問為什麼能獲利，當然是因為顧客付了錢，所以之後又要探討「顧客」這一層的問題，若問顧客為什麼願意付錢，當然是因為我們提供了「產品與服務」。產品與服務之所以能具有一定的規模，則是因為「業務」順利運作。業務能夠順利運作，在於人力、物資、資金這些「資源」得到妥善的運用，而資源則是由「組織」管理。若問為什麼會形成這種組織，則是因為長久以來的「公司文化」或是該公司的「策略」。

執行「為何為何分析法」會找到很多原因，但是當我們探討到最後，便會發現，企業經營的課題在於「策略」，而「公司文化」通常是課題的根源。

如果要分析企業經營課題的原因，建議將剛剛這一連串的流程放在腦海裡，如此一來，就能更快、更全面地分析。

【圖3-12】企業經營課題的因果關係

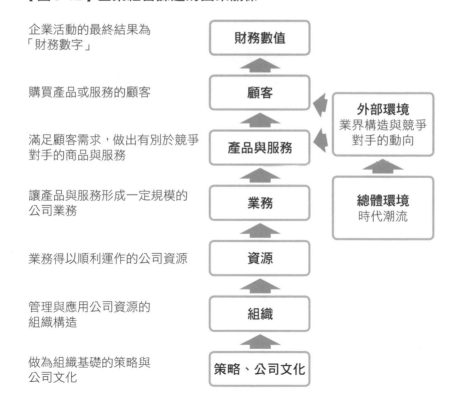

企業活動的最終結果為「財務數字」　　→　財務數值

購買產品或服務的顧客　　→　顧客

滿足顧客需求，做出有別於競爭對手的商品與服務　　→　產品與服務

讓產品與服務形成一定規模的公司業務　　→　業務

業務得以順利運作的公司資源　　→　資源

管理與應用公司資源的組織構造　　→　組織

做為組織基礎的策略與公司文化　　→　策略、公司文化

外部環境　業界構造與競爭對手的動向

總體環境　時代潮流

確認找出的因果關係是否正確

從外觀確認

你應該已經學會正確分析原因的方法，但也不能不知變通，所以接下來要為大家介紹複檢結果的方法，確認是否正確地探討了原因。第一步要先確認因果構造圖的「外觀」。請大家先看看圖 3-13，如果你的因果構造長得像其中一種，很可能你對內容的研討還不夠，最好重新檢視一次。

（1）一直線：廣度不足

當我們不斷進行「為何為何分析」，有時一回神才發現，我們只是「一直線」地往下探討。倘若你的因果構造圖長這樣，很可能你只憑著某種成見探討原因，忽略了其他也很重要的原因。「原因一定是這個！」如果心中早有定見，因果構造圖就很可能會是一直線的。抱著成見決定原因，確認事實這個步驟就很可能無法落實，之後也可能針對錯誤的原因實施對策，自然無法有效解決問題。

倘若因果構造圖呈「一直線」，請冷靜自問：「難道沒有其他原因了嗎？」「真的找不到其他原因了嗎？」就算最後真的找不到其他原因，「在不疑處有

【圖 3-13】從外觀確認

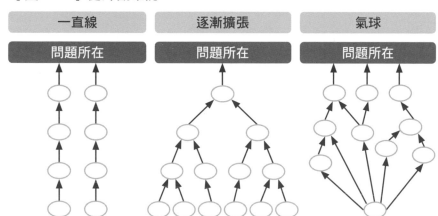

疑」也非常重要。若一味地告訴自己「大概就是這樣吧？」很可能看不出邏輯上的盲點，而當我們告訴自己「一定有問題，就算是賭氣，也要反對看看」，有時反而能突破盲點。建議大家以否定自己的觀點，試著思考「就算是這個原因，在這個情況下，也有可能得到不同的結果」。

（2）逐漸擴張：沒有收斂

其次常見的是因果構造圖畫得像邏輯樹那種「逐漸擴張」的構造。通常我們使用因果構造圖探討原因時，都會盡可能找出各種可能，所以構造通常會擴張至一定程度，但是當我們在思考某個事件的「原因」時，原因實在不可能那麼多，所以我們才要一邊確認事實，一邊刪除「不是事實的原因」，還要在「無力改善」或「偶發」的原因畫下句點。從「惡性循環」的角度來看，因果構造圖一定會是收斂的，最終一定能找出為數不多的根本原因。

倘若因果構造圖呈「逐漸擴張」的形狀，很有可能你只憑著理論探討原因，因此列出一些不是事實的可能，又或者沒有在適當的位置喊停。「這真的是事實嗎？」「影響最為深刻的原因到底是什麼？」「如果繼續探討，有辦法針對以下的原因實施對策嗎？」建議大家像這樣自問自答，找出幾個真正造成影響的原因。

（3）氣球：突然收斂

偶爾會看見這種形狀的因果構造圖。這是明明「為何為何」的部分寫得很好，卻在深掘的部分突然收斂於某個原因的形狀，這種形狀看起來很像是「氣球」。當我們不斷深掘原因，因果構造圖的確很有可能會在少數幾個原因的位置收斂，變成「氣球」的形狀，但是，明明找出很多可能原因，結果卻突然總結於某個原因？這實在讓人難以置信。

若問因果構造圖為什麼會發展成「氣球」的形狀，答案通常是「不想繼續分析下去，所以乾脆把某個最有可能的原因當成結論」。原因分析是一項非常耗時的作業，若還不習慣爬梳因果關係，原因分析就是一項非常困難的作業，所以很常分析到一半就精疲力竭而放棄。一旦放棄或妥協，說服自己「應該就是這個原因吧，分析到這裡就差不多了」，就很可能得到這種突然收斂的因果構造圖。探討的時間不夠，硬是做出結論的情況也很有可能得到這種構

造的因果構造圖。

　　不管是哪種情況，只要因果構造圖長得像「氣球」，最下層的原因通常能解釋所有情況，而這種敘述通常很抽象與曖昧，這麼一來當然找不到真正的原因，就算針對這個原因實施對策，也不會有太明顯的效果，因為最下層的原因與上層的其他原因的關聯性非常薄弱。

　　倘若因果構造圖變得像「氣球」，你也已經無力繼續探討，建議改天再繼續探討，或是請別人一起探討，再挑戰看看。順著邏輯，一個不漏地探討原因真的非常重要。

確認第一層與第二層的疏漏

　　接著要檢查的是與先前八個重點之中的「⑤思考各種可能」有關的項目，也就是確認「第一層與第二層的部分有無任何疏漏」。所謂的第一層就是在WHERE針對特定問題探討的第一個原因。

　　為何為何分析法是根據問題探討原因的方法，所以當我們在第一層或第二層有疏漏的時候，這些被我們忽略的原因以及後續的一系列原因都會被我們忽略，也將造成不容忽視的問題。比方說，我們要探討的是「業績」問題，卻只思考「銷售數量」，很可能會忽略所有與「單價」有關的原因。同樣的，當我們在探討「利益」這個問題，並於第一層找出「業績」與「成本」這二個原因之後，卻只針對第二層的「成本」找出「材料費」與「雜支費」這類原因，恐怕我們會全盤忽略與經費、間接費用有關的原因。

　　為何為何分析當然不容任何疏漏，但如果這些疏漏是發生在第一層或第二層，更是會影響整體的完成度，所以才要再次確認。

確認喊停的部分是不是在最下層

　　到目前為止，我們確認的都是因果構造圖的上半部，接下來要請大家確認下半部。也就是「是不是真的在最下層的部分喊停」，這與先前介紹的八個重點的「④不斷深掘，直到無法繼續探討為止」有關。

　　因果構造圖最終應該會於少數幾個原因收斂，換言之，每個以圈圈標記的原因之後的「沒有進入箭頭的圓圈」應該是「並非事實或是無法改善而畫×」的部分，不然就是「剛好沒有實施對策，有待改善」的部分。其他的圈圈應

該都是某種原因，或是某種惡性循環，而且一定會有進入箭頭才對。

因果構造圖畫好後，請務必確認是不是在最下層的圈圈停止探討，如果在還能繼續往下探討的時候喊停，就很可能會忽略「更深層的原因」，此時就算試著解決問題，也很可能無法解決根本的問題。

確認是不是問題的既有原因

最後的確認有點麻煩，但相當重要，而且與先前提及的八個重點的「⑦以正確的中文探討」有關，也就是確認「是不是問題的既有原因」。所謂「既有原因」就是「只有這個問題才有的原因」。

這聽起來有點難懂，所以讓我以先前的遊樂園為例說明。

如果在 WHERE 階段進行分析之後，找到「平日晚上的情侶來客數不斷減少」這個問題，而我們找到下列這一串原因：

來客數不斷減少 ← 客人不想來 ← 交通不方便 ← 不方便開車來 ← 停車空間減少 ← 蓋了多餘的建築物

從上述的探討來看，「來客數不斷減少」是原因，所以這樣的探討似乎很合理，但此時希望大家再仔細想一想，這個原因會不會就是「既有原因」。

答案當然是「不」。由於我們探討的是「平日晚上」這個問題，所以停車空間不斷減少並非只限平日晚上才會發生。「停車空間減少」當然與「來客數減少」有關係，但如果「停車空間減少」是主要原因，那麼不該只是平日晚上的客人減少，平日的白天或假日的來客數也應該減少才對。換言之，這個原因並非僅限「平日晚上」的既有原因。

讓我們再以一個更簡單的例子說明：

如果公司有一位業績不大好的業務員，在經過分析之後，發現「因為景氣不好，所以找不到顧客」的原因。倘若景氣不好是主要原因，那麼不該只有這位業務員的業績不好，應該所有業務員的業績都不好。而且除了這間企業之外，其他企業的業務員的業績也應該都很糟。所以「景氣不好」的確是該業務員業績不好的原因之一，卻不會是既有原因，也不會是主要原因。

想必大家已經明白，針對影響整個問題的原因實施對策，通常無法立竿見影地解決問題。為什麼明明其他的部分沒有問題，只有「那邊」有問題呢？只有一邊問自己「這個原因真的只與原本的問題有關嗎？真的與其他的問題

無關嗎？」一邊觀察這個原因與其他原因的差異，找出所謂的「既有原因」，
才能找到真的能解決問題的原因。

決定對策

釐清該實施對策的原因

原因分析的部分結束後，就要研擬對策，思考該從哪個原因開始改善。

在 WHERE 找到問題之後，我們是以因果構造圖說明與這個問題有關的原因，所以只要改善這些原因，就能解決這個問題。

請大家回想一下「對策就是針對原因實施的改善方法」請大家千萬別在「最後的最後才陷入 HOW 思考」。好不容易找出問題與探討出原因，卻擬出與這些問題、原因完全無關的對策，那實在是太可惜了。

接著讓我們一起思考「該針對哪個原因改善」吧。

因果構造圖通常會充滿許多原因，若能全部改善當然最為理想，但這一點都不實際，也不大可能，因為我們的資源是有限的，所以才要仔細觀察因果構造圖，從眾多原因之中，找出能「一針見血」，解決問題的原因。

位於因果構造圖下層的原因通常是引發上層原因的原因，所以基本上只要針對位於下層的原因實施對策，就能順帶改善位於上層的原因，但就實務而言，我們通常很難針對過於深層的原因實施對策，而且要等上好長一段時間才會看到效果，沒辦法以一句「總之改善深層的原因就沒錯」做為總結。那麼我們該如何找出最該先改善的原因呢？

在尋找這類原因時，通常得經過下列這三個階段。第一個階段是「提高解決問題的效果」，其次是「提高對策的可行性」最後則是「提高檢討的效率」。

這三個階段共有下列九個重點。接著就為大家依序說明：

提高解決問題的效果
①針對「主要原因」改善
②實施對整體造成影響的對策
③針對深度適中的原因改善
④思考立場與資源，分頭實施對策

提高對策的可行性
⑤改善「只是剛好沒改善」的原因

⑥針對「進入箭頭較少的原因」改善

⑦避開「位於下層的原因」

提高檢討的效率

⑧實施能切斷惡性循環的對策

⑨一次針對多個原因改善

① 針對「主要原因」改善

第一個階段是「提高解決問題的效果」，這個階段的第一個重點是針對「主要原因」改善。

如果某個問題有很多個原因，不大可能所有原因的影響都一樣，其中一定有影響特別明顯的原因，也就是所謂的「主要原因」。找出這個「主要原因」再予以改善，可說是最基本的邏輯。

以遊樂園業績不振的問題為例，如果我們找到了「來客數不斷減少」這個原因，接著又找到了「遊樂設施太過老舊」的原因，此時要想的是遊樂設施也有很多種，是遊樂器材太過老舊？還是伴手禮專賣店、餐廳、走道、樓梯、遊客中心、閘門設計太舊嗎？其中與「來客數不斷減少」最有關聯的原因恐怕就是吸引顧客上門的「遊樂器材」吧。所以要知道遊樂器材是不是主要原因，可透過「為何為何分析法」的重點「以事實確認」這個步驟確認。此時可試著針對所有顧客與潛在顧客實施問卷調查，了解這些顧客光臨時，比較重視哪些設備夠不夠新，就能知道遊樂器材是不是主要原因。就算主要原因不是遊樂器材，應該也不會是樓梯、遊客中心或閘門。

其實開頭的故事也有類似的情況。圖 3-4 的 DVD-R 事業有「無法提案」這個原因，而主要原因是「無法拜訪客戶」，而這個主要原因的主要原因則是「沒有針對 DVD-R 提出應有的方針」以及「業務員負責的商品很多」，如果針對這個主要原因改善，應該最有機會改善最上層的問題，也就是「DVD-R 的業績無法成長」這個問題。「業務員的知識不足」或「資訊交換會很久沒召開」這類原因或許也造成一定的影響，但都不是主要原因，針對這類原因實施對策，效果應該也很有限。

像這樣比較多個原因時，會找出「箭頭比較粗」（也就是「影響比較明

顯」）的原因。針對旁枝末節的原因實施對策，通常很難得到立竿見影的效果。根據手上的資料徹底比較原因，從中找出「主要原因」才有機會對症下藥。

② 實施對整體造成影響的對策

下一個重點是「實施對整體造成影響的對策」。

比方說，遊樂園的業績之所以下滑，除了來客數減少之外，客單價下滑也是原因之一，此時就有必要針對「來客數」與「客單價」實施對策，因為只能改善「來客數」的對策無法改善「客單價下滑」的原因。

前面的故事也有類似的情況，從圖 3-5 營業用錄影帶事業的因果構造圖可以得知，若不對「數量市占率」與「單價下降」這二個原因實施對策，就無法提升業績。

在針對原因實施對策時，仔細觀察整張因果構造圖，再實施能改善整體情況的對策。

③ 針對深度適中的原因改善

下一個重點是「針對深度適中的原因改善」。進行「為何為何分析」時，通常會不斷地往下探討原因，直到該「喊停」的位置，但這不代表我們只要針對「喊停」的位置實施對策就好，因為針對過於深層的原因實施對策，通常得等好長一段時間，才能解決在 WHERE 階段找到的問題。

以「製造商的新商品銷售數量遲遲未成長」這個例子而言，如果我們找到「新商品的銷售數量遲遲無法增長 ← 客戶對新商品的了解不足 ← 業務員沒好好地說明新商品 ← 業務員不夠了解新商品 ← 新人教育不夠確實」，接著又進一步找出「新人教育工具不足 ← 不夠重視對業務部門的教育」這一連串的原因，那麼實施「重視業務部門」的對策，會得到什麼結果呢？

實施各種「重視業務部門」的對策之後，恐怕得等很久才會看到新商品的銷售數量成長，因為在實施這類對策之後，最先出現的效果是全體員工的認知改變，然後設計出新的新人教育工具，之後以這項工具實施新人教育，業務員因此掌握新產品相關的知識，學會介紹新產品的方法，最後顧客了解新商品，新商品的銷售數量跟著成長。就中長期的角度來看，這項對策當然十分有效，卻沒辦法在下個月或下下個月就呈現需要的效果。若想在短期內

呈現效果，恐怕得先撤除「不夠重視對業務部門的教育」這個原因，為業務員舉辦「新商品知識分享會」或是對顧客宣傳新商品才是正解。

由此可知，想實施中長期的根本解決之道，就要針對「深層的原因」處理，想在短期內看到效果，就要針對「淺層的原因」實施對策。根據效果出現的時間長短，針對不同深度的原因實施對策，是比較實際的做法，而且在針對「淺層的原因」實施對策時，千萬別陷入「銅板翻面的思考模式」，只處理過於淺層的原因。

④ 從立場與資源的角度分別改善

走到這一步，大家應該會產生「那要針對幾個原因實施對策，才能得到效果？」這個疑問。改善的原因愈多，當然愈能解決問題，但相對的需要實施更多對策，所以不大可行。每個人在實施對策時，應該都會有該改善幾個原因才夠的疑問，但很可惜的是，這個問題沒有標準答案，唯一可說的是「從你的立場與可用的資源決定要改善的原因」。

如同圖 3-5 的營業用錄影帶事業的因果構造圖所示，如果高橋事業部長也跳下來解決問題，就算原因是「沒針對營業用錄影帶適當的方針」，還是能「提出重視營業用錄影帶的方針」，而且高橋部長還能替營業用錄影帶的業務員重新分配業務，也能利用預算徹底執行業務訓練，同時改善多個原因。

但是當層級只到浪江或山邊，他們或許就只能實施「傾聽顧客需求」或是「在業務部進行內部教育」這類較表面的對策，而且就算要「進行內部教育」，恐怕也沒辦法挪用部門的預算，只能趁著工作空檔舉辦自主式的讀書會。

所以意思是，層級太低就解決不了問題嗎？當然不是！如果已經盡力而為，剩下的可請別人一起幫忙，而這就是「分頭實施對策」的概念。

比方說，浪江與山邊負責「提升業務技巧」，而「在其他業務耗費太多時間」這類原因則交由安達課長負責，或是盡量別讓其他部門將工作丟到業務部。其實在解決組織的問題時，自己能解決的部分是有限的，通常會請其他部門分擔問題。

原因改善愈多，更有機會解決問題，之後則是根據自己的立場與手邊的資源，決定要改善的原因。如果憑一己之力，無法有效解決問題，就該尋求外界的助力，傾組織之力解決問題。

到此，大家已經了解「提高解決問題的效果」有哪些重點了。

⑤ 改善「只是剛好沒改善」的原因

接著要介紹的是「提高對策的可行性」的重點。

我們總算要決定「要改善的原因」了。首先要做的是，如果有「只是剛好沒改善的原因」，就要立刻改善。

請大家翻到前面的圖 3-9。如果在探討「新人拿不到訂單」這個問題的時候，找到「沒留半點時間傾聽客戶的需求」這個原因，而且又發現這個原因其實沒什麼原因，業務員沒有特別忙，也不是不想拜訪顧客，更不是被顧客拒絕，簡單來說「就只是沒有留時間而已」。

如同圖 3-4 所示，DVD-R 事業之所以會有無法拜訪客戶這個原因，是因為「業務員負責太多產品」，若問為什麼會這樣，「就只是長年以來，都沒檢視這個問題」而已，所以只要正視這個問題，就能立刻改善這個老毛病。

能像這樣找到原因可說是非常幸運的。如果沒什麼特別原因，只是沒有改善這個原因，那麼說句「立刻動手改善吧」，這個原因就能立刻改善。由於沒有不能改善的原因，所以當然是最可行的對策。若在職場遇到這類長年積習不改的問題，通常原因不會是「剛好沒改善」而已，所以原因若真的只是剛好沒改善，那就立刻改善吧。

⑥ 針對「進入箭頭較少的原因」改善

剛剛已經提過在面對「沒有進入箭頭或到此為止，不需要繼續探討的原因」時，要先處理「只是剛好沒改善的原因」，但我們通常很難一下子就找到「沒有進入箭頭」的原因，所以通常會先改善「有很多個進入箭頭的原因」。

請大家參考圖 3-14。圖中有 A 與 B 這二個原因，我們該改善哪個原因呢？

原因 A 有很多個往內的箭頭，但往外的箭頭很少，所以就算改善 A，很可能因為諸多原因而無法改善」，而且往外的箭頭只有一個，所以對整體情況的改善也很有限。

反觀原因 B 是往內的箭頭不多，往外的箭頭較多，所以，改善 B 比較不會因為其他的原因而無法改善，可以改善的層面也比較廣泛。想必大家已經

知道，如果要解決問題，當然要從 B 這個原因著手。

如果改善的是「往內的箭頭較多的原因」，恐怕會因為其他「無法改善的深層原因」而無法改善，所以請大家記住先從「往內的箭頭較少的原因」開始改善這個原則。

⑦ 避開「位於下層的原因」

到目前為止，已經為了大家介紹「沒有特別原因，只是剛好沒改善的原因」與「改善往內的箭頭較少的原因」這二個提升對策可行性的重點，但在實務上，這些問題其實沒那麼容易找到，所以最後要為大家介紹「避開位於下層的原因」這個概念，這也是提升對策可行性的最後一個重點。在研擬對策的時候，絕對不能忘記這個重點，請大家務必徹底了解這個概念。

請大家參考圖 3-15。這是之前在探討「新人遲遲拿不到訂單」這個問題時繪製的圖。如果怎麼做都無法改善位於最下層的「沒有留時間傾聽客戶的需求」這個原因該怎麼辦？比方說，這個原因是因為「其他的業務太忙」，而其他的業務太忙則是因為「員工減少」、「有新的業務啟動」，也就是陷入「公司業績惡化」的惡性循環裡。

就常理而言，要改善這個原因就是「增加員工」或是「暫停新業務」，但如果你的層級不足以實施這類對策，最終還是只會得到「員工減少、工作又增加，當然沒時間聽取客戶的需求」這種結論。

偶爾會看到因為這樣而抱怨「沒辦法、做不到」，然後撒手不管的人，但是抱怨無法解決問題，這也是把所有的錯怪別人或大環境的典型案例。

【圖3-14】不容易改善和容易改善的原因

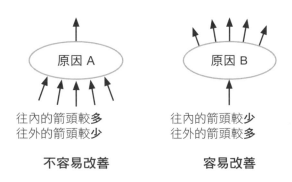

往內的箭頭較**多**
往外的箭頭較**少**

往內的箭頭較**少**
往外的箭頭較**多**

不容易改善　　　　　　　　**容易改善**

要打破這類僵局與解決問題，就必須有所割捨，也就是放掉那些「無能為力，無力改善」的原因，這也是「以下層還有原因為大前提，思考能否改善上層原因」的想法。

如同圖 3-15 所示，既然沒辦法改善「沒有留時間傾聽顧客需求」這個原因，就先改善上一層的原因，也就是「沒有傾聽客戶的需求」這個原因。如此一來，就能朝「沒辦法留時間傾聽顧客需求時，要如何傾聽顧客需求」的方向研擬對策，也能就此突破僵局，進而想到許多類似「既然沒時間傾聽顧客需求，是否可以請顧客填寫需求表，再請顧客寄回來」或是「雖然沒時間拜訪顧客，但可以打個電話問問需求」的解決之道才對。

研擬對策的方法會在第五章「擬定對策」進一步介紹，但重點在於「遇到無法改善的原因時，避開這個原因，另循他路，就能解決問題」。大家千萬別只是一直抱怨，而在原地踏步啊。

【圖3-15】避開下層原因再實施對策

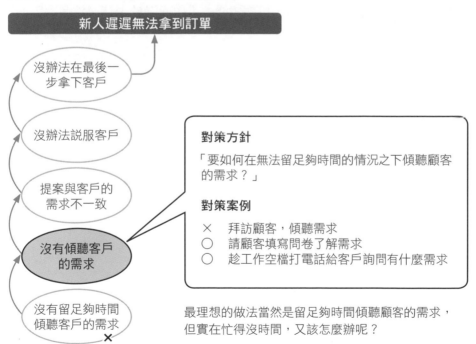

對策方針

「要如何在無法留足夠時間的情況之下傾聽顧客的需求？」

對策案例

×　拜訪顧客，傾聽需求
○　請顧客填寫問卷了解需求
○　趁工作空檔打電話給客戶詢問有什麼需求

最理想的做法當然是留足夠時間傾聽顧客的需求，但實在忙得沒時間，又該怎麼辦呢？

⑧ 實施能切斷惡性循環的對策

　　走到這個地步應該已經看到一些效果，也已經找出較有機會改善的原因，「為何為何分析」也差不多要告一段落了，不過最後還要為大家說明「提高檢討的效率」的重點。

　　前面曾提過因果構造圖偶爾會出現惡性循環，比方說，某間餐廳的問題是「利潤不斷下滑」，而店家也很努力降低成本，所以主要原因應該是「業績不斷下滑」，經過探討之後，又找出「沒辦法吸引客人 ← 店面過於老舊 ← 沒有改建築的預算」這一連串的原因。可是這麼一來，就又回到「沒有預算是因為利潤不斷下滑」這個最初的問題，而這就是惡性循環。若是遇到這種情況，就有必要從某處切斷這個惡性循環。

　　只要能順利切斷惡性循環，就能把這個循環扭轉為「良性循環」，也就是圖 3-16 右側的狀態。由於惡性循環是頭尾相扣的循環，所以要扭轉成良性循環，就少不了重點⑦的「避開「位於下層的原因」」。

　　如果要改善的是「沒辦法吸引客人」這個原因，造成這個原因的原因是「店面過於老舊」，所以絕不能宣傳店內氣氛有多好，也不能祭出情侶優惠套餐。要以「店面過於老舊」為前提，「吸引客人」，必須宣傳料理有多美味，或是可在此包場，舉辦宴會或派對，這樣才能讓「店面過於老舊」這個原因的影響降低。

　　如果實施這項對策之後，成功地吸引了顧客上門會得到什麼結果？首先是業績增加，接著是利潤增加，如此一來就能擠出重新裝潢店面的預算，店面當然也會變得煥然一新。一旦門面變新，就有更多客人上門，惡性循環也在一瞬間逆轉為良性循環。

　　在前面的故事裡，也有類似的情況。如同圖 3-5 所示，在經過一番討論之後，發現營業用錄影帶事業陷入「業績不斷下滑 ← 以為市場沒有成長 ← 沒針對營業用錄影帶市場提出適當的方針」……結果又回到業績不斷下滑的惡性循環，所以必須認清市場成長的事實，並且提出適當的方針，將這個惡性循環扭轉成良性循環。

　　一旦惡性循環逆轉成良性循環，不需多費心思，情況也會自然而然好轉。只要能步上這種軌道，問題也將迎刃而解，這當然也是我們想達成的目標。

就實務而言，多的是有待解決的老問題，也常因此陷入惡性循環，而這無疑是「鈕釦扣錯」的狀況，所以只要稍微調整一下，環環相扣的惡性循環就能變成良性循環。其實做生意也是一樣，在某個局勢下「走錯一步」，很常會就此陷入惡性循環。能不能截斷惡性循環，扭轉成良性循環，端看是否徹底了解因與果之間的關係，再有效率地解決問題。

⑨ 一次針對多個原因改善

最後要說明的是「一次針對多個原因改善」的重點。

請大家看看圖 3-17，裡面寫出了多個先前「新商品的銷售數量遲遲無法增長」的原因。如果毫無章法地改善這些原因，會得到什麼結果？

比方說，針對「簡報能力不足」這個原因舉辦「簡報能力強化課程」，再針對「沒有能在現場使用的促銷資料」實施「製作促銷資料」這些對策。如果是讓不同的業務員分別實施這些對策，做好的促銷資料很可能十分鬆散，必須練習好幾次，才有辦法拿這份資料向客戶說明新商品。此外，簡報課程

【圖 3-16】斬斷惡性循環

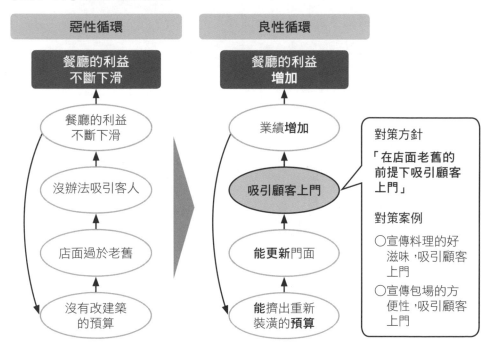

也很重視肢體語言，所以也有可能無法活用促銷資料的話術。

　　如多頭馬車般改善每個原因，最終很可能在「面對客戶說明新產品」的時候，需要多花點心思才能讓對策奏效。

　　相反地，若「一次針對多個原因進行改善」又能得到什麼結果？如果要一口氣改善「簡報能力不足」與「沒有促銷資料」這二個原因，結論很可能是製作「簡報能力不足的人，也能成功促銷的資料」。如此一來，就會製作出簡報能力不足的人，也能簡潔說明新商品的促銷資料，也不用大費周章地設計強化簡報能力的課程。

　　這種「一次針對多個原因進行改善」的概念又稱為「一網打盡的對策」。比起各個擊破，一次改善多個原因更有效率。在研擬具體方案的時候，請務必找找看，「有沒有能同時改善的原因」。

【圖3-17】一次針對多個原因進行改善

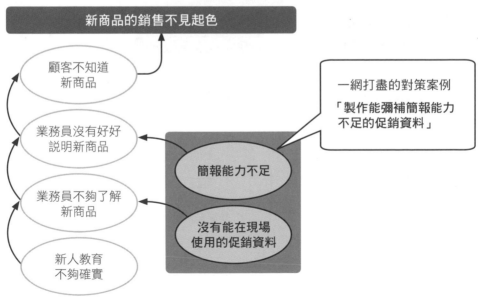

！ 第三章重點整理

1　進入 WHY 階段之後，一定要深掘，絕不能陷入「銅板翻面」的思考
　　模式

2　秉持著「為何為何要問五次」的原則，不斷深掘至該喊停的地步

3　廣泛且毫無疏漏地探討原因

4　一邊確認事實，一邊找出「這個問題的既有原因」

5　以「自己為主語」，別把錯怪在環境為他人頭上

6　改善不同深度的原因，改善整體情況

7　針對下層的原因實施可行性較高的對策

8　切斷惡性循環以及同時改善多個原因，有效率地解決問題

第四章

設定理想狀態

思考理想狀態的人

無計可施的 CD-R 事業

　　說快不快，戶崎著手拯救多媒體事業部已過了二個多月。即將到來的祇園際也讓整條街變得活力十足。這天，在所有必要資料都備妥的情況下召開了會議。

　　就 DVD-R 事業而言，改善了「未針對 DVD 提出明確方針」與「未重新檢視積習已久的體制」這二個根本的組織問題，也為了能更快看到改善的效果，請人事部門一同研擬「掌握相關知識」與「提升提案力」的課程。

　　在營業用錄影帶方面，改善了「未努力擴張市場，以及讓不熟悉業務的業務員負責業務，與同時負責多項業務」的問題，此外，也盡力避免過度降價，以解決眼前的問題。

　　最後，多媒體事業部開始討論營業額最高的 CD-R 事業。率先發難的是安達課長。

　　「我覺得最終還是要提升技術，做出市場區隔。」

　　浪江立刻反對：「這是標準化的產品，想透過技術做出市場區隔，是不可能的事情。」

　　「可是我們擁有大量製造的生產能力啊，不是能在製造層面占優勢嗎？」

　　這次輪到山邊反對：

　　「可是，現在的局面就是市場正在萎縮，大量生產也不一定賣得出去。我們雖然擁有強大的生產能力，卻是英雄無用武之地。」

　　於是整個討論就在材料調度層面做出市場區隔，以及提升品牌形象，維持售價這二個話題團團轉，轉了一個多小時，也不見討論出什麼有效的對策，所以最終得出「無計可施」這個結論。

　　對多媒體事業部而言，這個結論是一大打擊，因為 CD-R 事業的營業額占了多媒體事業部總營業額 50% 以上，「無計可施」意味著事業部的業績將大幅衰退。高橋事業部長語重心長地說：

「到底該怎麼辦才好？再這樣下去，多媒體事業部的營業額不就愈來愈慘了嗎？⋯⋯」這句話讓所有人陷入沉默。

模糊的「路線」

戶崎的一句話打破了沉默。

「既然大家已深掘了事業的問題，也找出原因與擬定了相關的對策，接下來要不要換個角度，試著以完全不同的方法討論？」

浪江問：「完全不同的方法？這是什麼意思？」

「反正再怎麼想，也想不出結果，要不要先放下既存事業的問題，想想看多媒體事業部若要做一些沒做過的新事業，會是什麼事業呢？」

微微探出身子的高橋說：

「原來如此，為了事業部今後的發展，這種想法也很重要啊，我很喜歡這種討論。」

之後，大家便開始討論多媒體事業部的新事業。

首先發表意見的安達說：

「我覺得今後是藍光光碟的時代。當電視數位化，畫質就會提升，資料容量也會增加，現在的 DVD 無法應付這個規格。既然藍光光碟會普及，不如趁現在多花點心思。」

浪江附議：

「也還有 HD-DVD 這種規格喲。既然還不知道哪種規格會普及，現在就押寶押在藍光光碟上，會不會有點冒進？更何況車用導航也從 DVD 轉型成HDD 了，我覺得今後 HDD 的市場會成長。」

山邊對此提出異議：

「可是市場上都說，HDD 很有可能被稱為 SSD 的半導體記憶體取代喲，HDD 現階段是因為比較便宜才普及，一旦半體導記憶體的價格變得更便宜，所有的 HDD 豈不是都會被取代成 SSD？去年蘋果公司發表了 iPod 這項產品，原本是搭載 HDD 的，現在卻換成半導體記憶體了。」

聽到這裡的高橋部長直接了當說：

「這說法太偏頗了，怎麼可能所有的 HDD 都被換成半導體記憶體？」

聽到高橋部長這麼說的山邊只能閉嘴，現場的氣氛也變得有點尷尬，於

是浪江便換個話題打圓場說：

「話說回來，蘋果公司不僅推出了 iPod，還發表了 iTunes 音樂串流網站，這個網站似乎賺了不少。如果我們部門也來做音樂串流服務，說不定比賣儲存媒體還要有賺頭。」

不過，這個主意卻被高橋喊停：

「音樂串流服務就是提供內容的事業對吧？做這種事能發揮我們公司的強項嗎？況且我們也不知道這生意能做到多大規模，就算真的開始，也不知道要花多少時間，總之是不可能的事啦。」

聽完這番話之後，浪江也閉嘴了。回過神的山邊又說：

「今後網路的速度會愈來愈快，所以每個人都可以下載想看的電視節目或電影，以隨選播放的方式收看。如此一來，用 DVD 或 HDD 錄影的方式就不合時代了。從這點來看，我們還是該進軍通訊相關的領域，提供隨選播放的 DVD 服務才對吧？」

在大家七嘴八舌討論之下，意見遲遲未能統整。到底什麼才是多媒體事業部「理想狀態」呢？沒有人知道接下來多媒體事業部該何去何從。

什麼是多媒體事業部最初的「遠大目標」？

「不好意思……」戶崎暫停了大家的討論之後接著說：「大家提出了很多有趣的意見，但我們要不要從事業部的大目標以及上賀茂製作所的存在意義想想看呢？因為就算想出這麼多好點子，結果沒人期待多媒體事業部這麼做，豈不是白忙一場？」

全員都點點頭，贊同戶崎這番話。

戶崎接著問高橋部長：

「部長，您覺得多媒體事業部的大目標是什麼呢？」

「既然我們叫做多媒體事業部，當然就是銷售各種媒體，也就是儲存媒體的事業部。提供價廉物美的儲存媒體，提升每位消費者的生活品質，就是這個事業部的大目標。」

「原來如此，就是提供消費者儲存媒體，讓世界變得更美好的事業部對吧，這麼一來，影音串流服務的通訊領域就不是多媒體事業部的目標了。」

「對啊，感覺上，有點不一樣。不管是照片還是文章，每個人都有想記錄

的東西才對，提供儲存媒體，讓消費者記錄這些東西，就是我們事業部的工作，而不是提供音樂或影像這些內容給消費者。」

「那麼，只要是儲存媒體，什麼產品都可以對吧。」

「對，早期我們也製作過卡帶，之後也製作了 MO、FDD、CD 與 DVD，至於 HDD 或半導體記憶體，也沒說過不做。」

聽完高橋部長的回答後，戶崎又從另一個角度發問。

「我知道事業部的考量了。那麼，多媒體事業部在上賀茂製作所又扮演什麼角色呢？」

「當然是獲利的角色啊。」

「部長你說的沒錯，但也不是只要能賺錢就什麼都做對吧。除了獲利之外，公司還期待多媒體事業部扮演什麼角色呢？」

「什麼角色啊⋯⋯我們在國內外都有工廠，所以維持雇用人數也是很重要的部分吧。此外，磁碟與光碟的製造都會用到很多技術，所以累積相關技術以及培育技術人員也很重要。」

「從這點來看，多媒體事業部很適合發展音樂串流或隨選隨播的 DVD 服務吧。」

「還是有很多不一樣的地方。發展這類事業無法繼續雇用現在的員工以及累積製造技術。本事業部說到底是製造部門，所以要從製造產品的角度思考才對。」

「我知道了。」經過這番討論之後，往後的發展方向似乎比較明確了。

即使如此，討論的範圍還是愈來愈發散

由於大方向已經確定是「製造產品＝製造儲存媒體」，所以戶崎接著討論下個話題。

「由於我們已經知道本事業部的大目標是製造儲存媒體，那麼我想討論哪種儲存媒體最有發展。」

安達問：

「只限我們事業部做得到的範圍嗎？」

「不是，『做不做得到』這點之後再討論，先就發展性挑出「該做」與「不該做」的產品。」

「我懂了，所以先不用理會現在的狀況，對吧？」安達說完之後，浪江立刻接著說：

「我覺得今後 HDD 的市場會繼續成長，錄影帶會被 DVD 取代，電視數位化之後，影片的資料容量也一定會增加。雖然 HD-DVD 與藍光光碟都有可能普及，但沒辦法在儲存容量這塊贏過 HDD，所以二個都有可能被淘汰。」

對此，山邊提出反論。「HDD 的容量的確是比較大，但是半導體記憶體的價格愈來愈低，所以就像 CD、MD 被 iPod 取代一樣，HDD 也有可能被 SSD 取代吧。」

接著安達又提出其他的見解。「我覺得這不一定。閱聽大眾今後是否真的還會錄下電視節目呢？在有線電視與網路電視愈來愈發達的情況下，愈來愈不需要像以前一樣預錄電視節目吧。」

聽到這裡，高橋部長說道：「不能這麼說。如果什麼都不用錄，不就不需要容量那麼大的儲存裝置了嗎？HDD 因為不能交換磁碟，所以沒有發展性，藍光光碟的儲存容量雖然不多，但只要更換碟片，就能隨心所欲儲存資料。」

對此，浪江提出反論：「可是 DVD 播放器、電視、電腦的界線不是會愈來愈模糊嗎？只要有一台電腦就能看 DVD 與電視，而且還能上網，所以只要有一台容量夠大的 HDD 就夠用了，更何況愈來愈沒人預錄電視節目了。」

明明才稍微收斂的討論，現在又不斷地往外發散。由於時間已經不夠了，所以戶崎便中斷了討論。

「我知道大家都有很多想法，但手邊沒有資料，也討論不出什麼結論，所以讓我們先喊停，準備更具體的資料之後，下次再繼續討論如何？」浪江首肯地說：「對啊，先準備事業部外在環境與內部環境的資料才是上上之策」全體點了點頭之後，會議就結束了。

漏洞百出的分析

隔週召開下一次會議，一開始，先由山邊報告在事業部確認過的資料。「這些是外在環境與內部環境的資料（圖 4-1）。HDD 的全部銷售數量與工廠人事費用趨勢則整理成另一份資料。」

所有人看完一遍資料之後，浪江說：

「看完之後，我覺得今後還是該著手製造 HDD，因為電腦會用到，其他

的裝置也會用到。各家公司都準備撤退的 HD-DVD 市場已經沒希望了，藍光光碟也沒想像中的普及，所以我覺得發展性不高。」

聽到這裡，安達急忙提出自己的看法：

「就現階段而言，藍光光碟的確是沒那麼普及，但是當電視的數位化愈來愈快，錄影所需的儲存容量也會愈多，所以我預測，藍光光碟的時代肯定會來臨。」

對此，浪江提出反論：

「今後已經不用再預錄電視節目了啦，因為有線電視與網路電視普及之後，隨時都可以在線上看想看的節目了。」

即使聽到這裡，安達還是堅持己見：

「我不覺得會是這樣。有線電視的訂閱費用很貴之外，網路再怎麼普及，畫質也很難跟電視比擬吧？所以預錄電視節目的需求應該會很高才對。」

對此，浪江也不肯退讓半步：

「就算是這樣，也是用 HDD 預錄電視節目對吧。只要有大容量的 HDD，就能錄下幾十張藍光光碟的影片。」

【圖4-1】漏洞百出的分析

外在環境分析彙整	內部環境分析彙整
• HD-DVD的規格尚未普及，各家公司準備撤退	• 多媒體事業部在CD-RW、DVD-RW的市占率為三成左右
• 藍光光碟有可能會是DVD的標準規格，但普及率卻比預期還低	• 從產品的設計到製造都能一手包辦這點，是事業部的強項
• HDD除了會在PC使用，也有可能用來預錄電視節目以及其他非PC的用途，所以市場有可能會擴張	• 國內二間工廠（福井縣小濱市、滋賀縣高島市）的人事費用很高
• 筆記型電腦與部分高階伺服器開始採用SSD這種記憶體	• 國外二間工廠（中國廣東省珠海、印尼巴淡島）的人事費用很低
• 隨著電視數位化，錄影所需的儲存容量也會跟著增加	• 事業部的員工有革命情感，工作動機也很強

安達也不服輸：

「可是藍光光碟很方便替換啊，所以儲存容量是無限的，HDD 就沒辦法替換磁碟了。」

「哪有這回事，現在市面上已經有輕鬆替換 HDD 的 HDD 錄影機。」

「可是好看的電影都會有藍光版本，沒有 HDD 的版本。」

「那是當然，但如果在有線電視播放，就能用 HDD 預錄了。」

「話說回來，我們公司又沒有製造 HDD 的技術，是要怎麼生產啊？」

「是這樣嗎？機能裝置事業部一直都有在生產 HDD 的磁頭，只要稍微研究一下，應該就能生產 HDD 了吧。」

「可是現在才開始生產，會不會因為成本太高而失去競爭力。」

「不會吧，我們公司一直都有在採購磁性材料，所以能以低於競爭對手的成本購買。」

對於安達與浪江的論戰不耐煩的高橋，突然發難：

「喂，你們二個到底在討論什麼？今天不是要根據資料討論嗎？」

安達與浪江終於閉嘴。

找出觀察外在環境的觀點

「感謝大家調查了各種資料」戶崎重新掌控了討論的節奏：

「不過，我覺得這份資料尚有不足之處。兩位的討論似乎忽略了一些外在環境的部分，例如沒有提到有線電視與網路電視的動向，也沒有談到與預錄電視節目有關的消費者行善、機能裝置事業部的動向，至於內部環境的部分，也沒有提到公司的技術力與採購力。」

「沒想到資訊缺這麼多，真是丟臉。」

安達一臉抱歉地說。

接著，戶崎一邊在白板畫圖、一邊說：

「調查外在環境與內部環境時，絕對不可以有任何疏漏，所以第一步要先決定要從哪種觀點蒐集資訊，也就是建立『分析框架』。」

將重點放在資訊的流動路線上，再快速篩選出相關的資訊。流程的開頭會先有內容，接著這些內容會儲存在播放裝置與伺服器上，再傳送至終端裝置，最後終端使用者收看這些內容（圖 4-2）。

從上述的流程來看，之前都是由製作公司製作內容，消費者再將內容儲存在家用錄放機器觀看。也就是圖的①與②的流程。至於將小孩的運動會拍成影片的是③的流程，④則是租借影集或電影的 DVD，在自家觀賞的情況，也是很常見的情況。

不過隨著網路發展，最近⑤這種透過網路收看節目，或是像⑥這種透過網路收看特定內容的情況也很常見。

雖然使用者都是透過⑦的通訊網路收看上述的內容，但最近也出現了像⑧這種將自行拍攝的影片上傳至網路的趨勢。由此可知我們必須觀察與所有媒介有關的製作公司以及通訊狀況。」

如果戶崎又在另一塊白板畫圖，說：

「其實在先前的流程裡，我們必須全面調查儲存裝置與終端裝置的部分有哪些套裝產品，又經過哪些升級與改革。不知道能不能告訴我從早期的卡帶到現在的藍光光碟都有哪些產品，又有哪些升級與改革呢？」

於是高橋、安達與浪江便分工合作地把戶崎補充剛剛畫的圖（圖 4-3）。

【圖4-2】內容傳送至消費者的流程

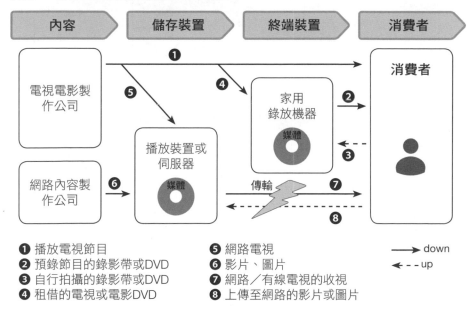

❶ 播放電視節目　　　　　　　❺ 網路電視
❷ 預錄節目的錄影帶或DVD　　❻ 影片、圖片
❸ 自行拍攝的錄影帶或DVD　　❼ 網路／有線電視的收視
❹ 租借的電視或電影DVD　　　❽ 上傳至網路的影片或圖片

「戶崎，大概就是這樣的感覺吧。」浪江說。

「謝謝。原來如此，看來有不少產品被淘汰啊。為了因應之後的時代，我們有必要調查快閃記憶體、HDD、SSD、藍光光碟、HD-DVD、DVD-R/RW、影音串流這些產品。」

全體點頭，表示認同。之後，戶崎便在螢幕顯示組織圖，確認與多媒體事業部的業務較密切的外部組織（圖4-4）。

得出的結論是多媒體事業部必須進一步掌握使用相同磁性材料的機能裝置事業部與掌管國內外工廠的生產管理本部的狀況，也必須密切觀察基礎研究所的技術開發動向。

找出觀察內部環境的觀點

最後戶崎在另一塊白板寫下「多媒體事業部的內部環境」這個斗大的標

【圖4-3】儲存媒體的變遷

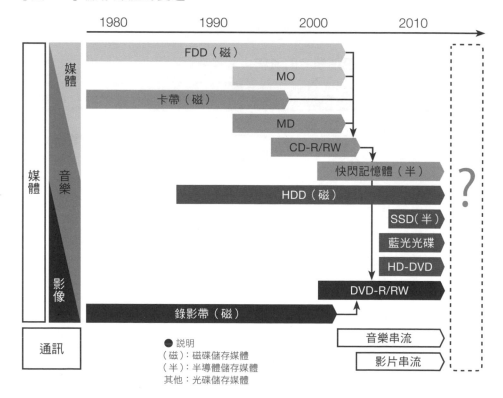

題，又寫了策略、業務、資源與組織這四個項目（圖4-5）。

「在最後想決定觀察內部環境的方法。這個SPRO模型可從四個觀點觀察企業或事業的內部環境。首先我想問的是，哪些內容可視為事業部的策略？」

安達回答：

「應該是部門的中程經營計畫吧，我也想不到其他的。」

「我知道了，就是部門中程計畫對吧。」

戶崎將這個答案寫在白板上，說：

「接著，我想進一步了解業務與資源的部分，請大家務必發表意見。事業部都負責哪些業務呢？」

高橋回答：

「事業部主要可依照機能分成三個組織，分別是業務、產品設計與生產技術，」戶崎把這三個組織寫在白板之後又問：「業務員又負責哪些業務呢？」

安達回答：

「大致上就是行銷、銷售與顧客的售後服務。」

【圖4-4】與事業部的工作有關的外部組織

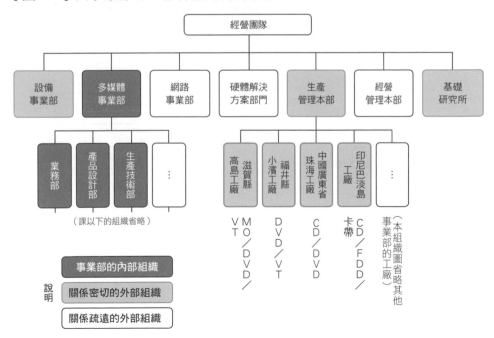

【圖4-5】多媒體事業部的內部環境

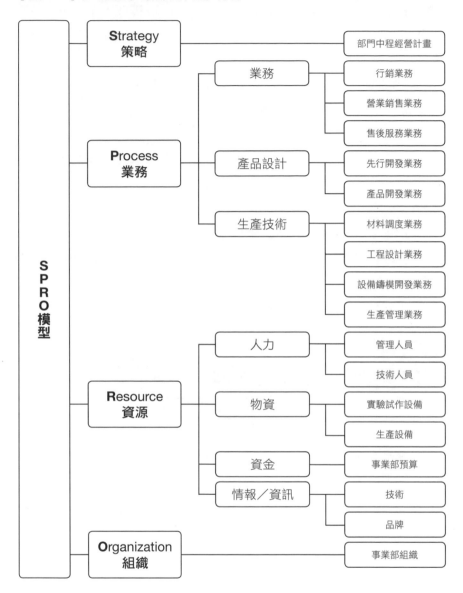

「原來如此，我了解了。若是依照相同的方式細分產品設計與生產技術，又有哪些業務呢？」

此時，浪江與山邊也幫忙理出各種業務。

觀察業務的方法確定，戶崎又開始整理觀察資源的方法，說：

「關於資源的部分，讓我們試著用常見的人力、物資、資金這三項資訊觀察吧。若想得到更具體的結果，要先問事業部最重要的人力是誰？」

高橋回答：

「應該就是管理人員與技術人員吧。業務員當然也很重要，但沒有管理人員與技術人員，事業部就無法成立。」

戶崎一邊將答案寫在白板、一邊繼續提問：

「請告訴我物資、資金、資訊的部分」。

聽到戶崎這個問題之後，所有人開始幫忙整理相關資訊。在物資方面，大家認為實驗試作設備與生產設備最重要，資金部分則是事業部預算，資訊部分則是技術與品牌。

了解相關資訊之後，戶崎說：

「看來沒有必要進一步細分組織了，所以讓我們先寫下事業部組織，若是日後調查時，發現有必要進一步細分組織，到時候再細分即可。」

如此一來，就以 SPRO 的觀點與事業部現狀，找出觀察事業部內部環境的觀點了。

重新整理分析框架

接著戶崎要新進員工星田重新整理「分析框架」。星田似乎對多媒體事業部的業務內容已有一定的理解，也很熟悉整理討論的結果。星田一邊聽著戶崎的指令，一邊將電腦螢幕投影到布幕上，重新整理了「分析框架」。在經過重新整理的框架之中，外部環境共有二十三個項目，內部環境則有十八個項目，這個框架可說是「龐然大物」（圖 4-6）。

山邊一邊盯著這個分析框架，一邊喃喃自語：

「看來要調查的內容還很多。」

「是這樣沒錯，」戶崎笑說：「之前的討論之所以沒能得出結果，全是因為還有很多沒調查到的部分。為了確定多媒體事業部今後的『路線』，還是得

【圖4-6】重新整理過的分析框架

外部環境分析			
公司之外	內容動向	服務&企業	節目製作
			電影製作
			網路內容
	儲存裝置與終端裝置的動向	多媒體產品&企業	快閃記憶體
			SSD
			HDD
			藍光光碟
			HD-DVD
			DVD-R/RW
		通訊服務&企業	音樂串流
			影像串流
	消費者動向	與播放有關	
		與錄影有關	
		與攝影有關	
		與網路／有線電視收視有關	
		與網路上傳有關	
事業部之外	事業本部動向	設備置事業部	
		生產管理本部	
		基礎研究所	
	工場動向	滋賀縣高島工廠	
		福井縣小濱工廠	
		中國廣東省珠海工廠	
		印尼巴淡島工廠	

內部環境分析		
策略	部門中程經營計畫	
業務	業務	行銷業務
		營業銷售業務
		售後服務業務
	產品設計	先行開發業務
		產品開發業務
	生產技術	材料調度業務
		工程設計業務
		設備鑄模開發業務
		生產管理業務
資源	人力	管理人員
		技術人員
	物資	實驗試作設備
		生產設備
	資金	事業部預算
	資訊	技術
		品牌
組織	事業部組織	

從如此廣泛的範圍以及具體的觀點，毫無疏漏地蒐集背景資料再分析，否則再怎麼討論也無法得出結論。」

全體嘆了口氣、點點頭之後，戶崎接著說：

「接著為大家介紹另一個分析的重要概念。那就是『天空、雨水、雨傘』的概念（圖4-7）。這是以陰天、好像快下雨，請帶傘出門的比喻說明事物的方法。簡單來說，不管誰來看，陰天就是陰天，也是認知不會出現歧異的『事實』。至於『好像快下雨』，則是當事人的『推測』，沒有人知道最終會不會下雨，而『請帶傘出門』，則是當事人想告訴別人的『想法』。至於要不要帶傘出門，還是開車出門，或是乾脆不出門，每個人的決定都不一樣。

分析時，一定要先掌握『事實』，再『推測』與表達『想法』，否則就會變成『我覺得、我不覺得』這種未根據事實進行的討論。」

聽到戶崎這麼說之後，安達與浪江不禁對著彼此苦笑。安達說：

「戶崎你說的沒錯，剛剛我們二個的討論根本沒根據『事實』，有的只是自己的『推測』，還硬要對方接受自己的『想法』。根本就是各持己見的討論。下次我會根據『事實』討論。」

最後就依照多媒體事業部與經營企畫部各自熟悉的領域，分配每位成員

【圖4-7】天空、下雨、雨傘

事實 Findings	推測 Supposition	想法 Implication
陰天	好像要下雨	請帶傘出門
不管誰來看，解釋都一樣	有可能不會下雨，所以沒有人知道結果如何	要帶傘出門還是開車出門，每個人的解釋都不一樣

分析的範圍。雖然要調查的項目很多，但不會花太多時間，所以下次會議訂在一個月後，而且每個人都要先完成自己的分析，再把分析結果帶來會議討論。這天的會議就在取得共識後結束了。

第四章

設定理想狀態

- ●「發生型」與「設定型」的差異
- ● 設定理想狀態
- ● 設定課題，解決問題
- ● 環境分析

「發生型」與「設定型」的差異

問題到底是什麼？

到目前為止為大家說明了 WHERE、WHY、HOW 這三個解決問題的基本流程，但從現在開始，要為大家介紹稍微不同的觀點。請大家參考圖 4-8，這是某間公司在開會時，稍微休息一下的情況。請大家稍微想一下這張圖有什麼問題。乍看之下，應該會看到下列這些問題：

1　咖啡濺出來了
2　垃圾沒人收

【圖4-8】散亂的會議室

3　點心丟著沒人管

4　椅子沒有歸位

5　書報架亂七八糟

6　書攤在桌上

接著請大家看看圖 4-9。這是會議結束，將剛剛的會議室整理乾淨之後的模樣。剛剛列出的問題已經全部解決，乍看之下好像沒有別的問題，但還是會有可能「是問題」的地方吧。比方說，你會想到下列的哪些問題？

1　只有二張椅子

2　沒有時鐘

3　沒有白板

4　沒有電話

5　沒有投影機

接著讓我們一起想想看，到底「問題」是什麼吧。請大家先把視線移回圖 4-8。「咖啡濺出來了」、「垃圾沒人收」，各位讀者一定覺得「這些都是問題」。

【圖4-9】整理過的會議室

圖 4-9「沒有白板」、「沒有電話」，可能有些讀者覺得這是問題，也有些讀者並不覺得如此，所以「問題」到底是什麼呢？

什麼是「發生型」與「設定型」

最後要請大家看圖 4-10。如果全體員工都認為圖 4-10 才是「會議室的理想狀態」，會得出什麼結論？拿圖 4-9 的會議室與這張圖比較，應該不難一眼看出有什麼問題、沒什麼問題，真正算是問題的有「椅子張數太少」、「沒有白板」、「沒有投影機」，而「沒有時鐘」與「沒有電話」不算是問題。

其實問題分成二種，分別是「發生型」與「設定型」。說得清楚一點，就是任誰來看都覺得是問題，每個人都能對此達成共識的是「發生型」的問題。而不一定能達成共識，必須參照「理想狀態」，才能判斷是不是問題的問題，則屬於「設定型」問題。

「發生型」與「設定型」的問題各有不同的討論方法（圖 4-11）。由於發生型問題有「任誰來看都是問題」的特性，所以不需要特別說明「問題之所以是問題的原因」，因此討論的重點在於「追究原因與擬定對策」。

以會議室的圖為例，在休息片刻之後回來的員工之間，應該會出現「不能打翻咖啡喲！」「抱歉，我知道了。」這種對話，應該不會有人問「為什麼

【圖4-10】會議室的「理想狀態」

不能打翻咖啡？不說清楚，我怎麼知道不能？」才對。

由此可知，發生這類發生型問題時，每個人都會「抱歉，不小心打翻了咖啡，真抱歉」，之後再追究「因為杯子沒有密封蓋」或「被電腦的網路線絆倒」這類原因，之後再擬定「以後換成有密封蓋的杯子」、「以後改用無線網路連線」這類對策。

反觀設定型問題則是「不一定每個人都覺得是問題」的問題，所以必須說明「問題之所以是問題的原因」。每個人遇到設定型問題的反應都不一樣，所以重點在於「說明問題之所以是問題的原因」。

以剛剛的會議室為例，如果跟休息片刻之後回來的員工說「不能沒有白板啦！」對方回答「咦？為什麼不能沒有白板？你不說清楚，我怎麼知道為什麼？」應該是比較自然的對話。突然聽到「不能沒有白板啦！」大部分的人都會一臉疑惑地覺得「為什麼需要白板？」

只有在說明「為了讓會議更有效率，邊寫邊討論比較方便，所以才需要白板」之後，對方才能理解「沒有白板」是個問題。如果遇到的是設定型問題，就必須說明「為什麼這個是問題的原因」，否則雙方無法達成共識，也無法繼續討論下去。

二種問題的解決方法的差異

請大家看看圖 4-12。直軸是「理想狀態的實現程度」，橫軸則是「時間」。左下角讓「負數歸零」的部分是解決「發生型」問題的部分。這是「回歸原狀」層級的解決方法，也就是誰來看，都會把不好的狀態復原為普通狀態。若以職場而言，大致是下列問題：

【圖4-11】解決發生型和設定型問題的重點

1 發生型問題
    ⇒ 每個人都覺得是問題的問題
    ⇒ 重點在於**追究原因，預防再度發生**

2 設定型問題
    ⇒ 參考「理想狀態」才知道是問題的問題
    ⇒ 重點在於**透過設定的「理想狀態」了解問題**

- 出現虧損
- 有客訴
- 來不及交貨
- 出現劣質品

　　這些都是「不必多做解釋的問題」，誰都希望這些問題「消失」。這些題目都是典型的發生型問題。在認知「問題」之後，沿著這個問題在哪裡發生？為什麼會發生這個問題？接下來該怎麼解決問題？的流程，也就是依照先前介紹的 WHERE、WHY、HOW 的基本流程解決的問題。

　　反觀位於圖 4-12 右上方的是「從零往正數移動」，也就是「設定型問題」的解決方法。這是一種現狀雖沒有需要挑出來解決的問題，卻設定「更理想」的狀態，進一步「往上挑戰」的問題解決方式。若以職場為例，大致是下列這些問題：

【圖4-12】二種問題的解決方法的差異

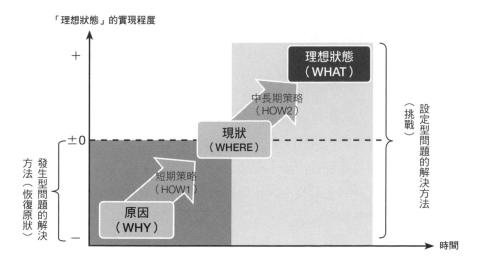

- 營業利益率只有 5%
- 沒辦法吸引一百名新顧客
- 需要十天才能交貨
- 一天只能製造一萬個商品

　　這些題目都是典型的設定型問題，若不說清楚原因，就不會知道「為什麼做不到這點會是問題」，也就無法繼續討論。

　　比方說營業利益率 5%，有些人會覺得「只有 5%」，但有些人覺得「還有 5%」，有些人會覺得「能獲得吸引一百名新顧客是理所當然的，做不到才是問題」，但也有人覺得「為什麼目標要訂在一百名？五十名就很多了吧」。至於交貨期限還是製造數量，也必須根據「理想狀態」說明「為什麼做不到會是問題」的原因。

問題是發生型還是設定型？先分清楚再研擬對策

　　事先了解這二種問題的解決方法有何差異是非常重要的，這二種方法在是否需要設定「理想狀態」，或是不需要特別設定「理想狀態」，思考「原因」比較重要這兩點上有著明顯的差異。

　　有時在實務上會發生錯把「設定型問題」當成「發生型問題」處理，結果慘遭滑鐵盧的情況。比方說，某間公司的高層下達「讓業績成長 50%」的號令，而底下的員工將「業績未成長 50% 當成問題」，並且思考「為什麼業績無法成長 50%」的原因，發現原因在於「業務員不足」與「產品售價過高」，所以執行「大幅增員」、「產品降價」這類策略，結果業績真的成長 50%，卻也招致大幅度的虧損。

　　在這種情況下，「業績未成長 50%」屬於設定型問題，而不是發生型問題。50% 的目標太高，所以設定成 10% 或許就能順利達成目標，而且該成長的是利益，而不是業績。話說回來，「業績未成長 50%」是不是問題，其實都還有待商榷。若要從頭開始討論，必須思考在下達「業績成長 50%」這個指令的時候，會有多少員工打從心底接受這個指令與採取行動。應該有不少員工會產生「為什麼業績未成長 50% 是問題？這種目標也太奇怪了吧？」這類懷疑吧。

當然也有與這個情況相反的例子，也就是把「發生型問題」當成「設定型問題」處理的情況。如果某間工廠發生了幾件職災，而在思考對策時，拚命調查「其他公司的工廠都發生了幾件職災」，結果把「一年不超過三件職災」視為「理想狀態」。想必大家都知道，這種目標一點道理都沒有，因為每間公司的工廠都有自己的問題，而且職災當然該設定為「零」。如果有時間討論「理想狀態」，還不如早點分析「發生職災的原因」，研擬「接下來該怎麼做」的對策。

你的工作也可能會遇到「發生型問題」與「設定型問題」，一旦選錯方法，就無法正確討論問題，所以請務必依照每項工作的性質選擇適當的解決方法。

誰都需要學習這二種問題的解決方法

我在企業舉辦研修課程時，最常被問到「發生型問題比較容易解決，所以通常都讓年輕人負責。至於設定型問題就比較難解決，所以交給管理階層負責。這樣的結論是正確的嗎？」就某種意義來看，這是正確的，卻也是錯誤的。

年輕員工的確是比較常負責「發生型問題」的工作，因為所謂的「理想狀態」都是由上司設定的，而問題則是無法達到這個狀態，所以要思考這個問題的原因以及研擬對策。不過有些職場會要求年輕人「負責新商品、新事業的開發，找到屬於自己的挑戰」，所以就算是年輕人，也不代表只需要負責「發生型問題」。

反觀需要替自己的組織設定「理想狀態」的管理階層，則需要具備解決「設定型問題」的能力，但也不是只要處理設定型問題就好，因為管理階層還是會很常遇到「員工士氣低迷」、「常有人離職」、「愈來愈常加班」這類「發生型問題」，如果不正視這些問題，只一味提出「理想狀態」，組織是無法順利運作的，想必大家都知道這點才對。

就常理來看，年輕員工的確是常負責處理「發生型問題」，管理階層則常負責處理「設定型問題」，但還是建議大家具備處理這二種問題的方法。

為什麼「設定型問題」比較難處理？

要發現「發生型問題」其實沒那麼困難，尤其這類問題只需要調查「現在與過去的事實」，就能掌握現狀與原因，所以只要蒐集各類證據，通常就能得出結論。

反觀「設定型問題」的難處在於不一定每個人都覺得是問題，所以很難達成共識。「理想狀態」是尚未實現的未來，所以沒有人知道該如何解釋現況，而且根據事實預測未來的方法若是不一樣，就會得到完全不同的預測結果。

前面的故事三也有類似的情況。在討論多媒體事業部的「理想狀態」時，討論的範圍愈來愈廣泛，愈來愈得不出結論。「是藍光光碟會普及，還是 HDD 的市場會成長？還是會換成半導體？」「今後還需不需要預錄節目，還是會變成隨選播放？」之所以預測會如此的分歧，全因對問題的認知不同。

此外，浪江也提到「音樂串流」這一塊，卻被高橋部長以「不知道該向誰提供服務，也不知道要把這項服務在什麼時候做到什麼規模」為由駁回。

「設定型問題的難處」在於「難以設定理想狀態」。接著透過圖 4-13 所示的三個流程，為大家說明設定「理想狀態」的困難。

【圖4-13】設定「理想狀態」的流程

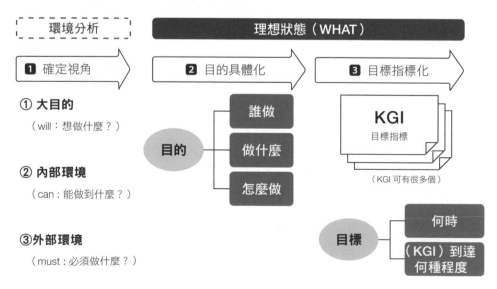

1 理想狀態是未來的狀態，所以可隨意設定→確定視角

2 說明很容易變得抽象→設定更具體的目的（目的具體化）

3 很難得知理想狀態是否已經實現→利用指標量化目標（目標指標化）

設定理想狀態

確定三個視角，「固定」理想狀態

首先介紹設定「理想狀態」的第一個難處，也就是「理想狀態是未來的狀態，所以可隨意設定」這點。「理想狀態」是「未來」的事，很難說明「為什麼這個狀態比較理想」，因為這是還未實現，而且沒有人了解的狀態，所以在討論「理想狀態」時，往往都是「先講的人先贏」，地位較高或聲音較大的人，通常可以搶到主導權。

前面的故事也有類似的情況，例如高橋事業部長東一句「怎麼可能全被半導體取代」，西一句「音樂串流不可行」的主張，讓浪江與山邊都閉上了嘴巴。假若戶崎不在現場，恐怕事業部的「理想狀態」會就此決定。如果不徹底討論，只以職位較高或聲音較大的人的意見為主，得出「大概就是這樣吧」的結論，可是非常危險的事，因為這樣的主張不一定是正確的，而且也沒得到所有人的認同，大家對於問題沒有正確的共識。又該怎麼設定「理想狀態」呢？

「理想狀態」必須非常具體，也不能每個人各有自己的想像。要設定全體都能接受的「理想狀態」，這個理想狀態就必須能從多個觀點根據資訊與邏輯說明，而且還必須非常合理。在此為大家介紹常用的三個視角（圖 4-14）：

1 大目的視角（will）
2 內部環境視角（can）
3 外部環境視角（must）

所謂「大目的視角」是指「在遙遠的未來，想成為什麼狀態」（will，即意志），也就是對於最後目標的想像，也就是決定「理想狀態」的概念，不過若是徒有壯志卻光說不練，就只是「畫大餅」。

所以此時需要有所謂的內部環境觀點，也就是找出「自己的強項以及做得到的部分」（can，即可行性），再決定「理想狀態」。

此外，如果這二個概念都不夠落實，只憑想像決定自己能做得到的事，此時形塑的「理想狀態」有可能只是「符合現況」或是「自吹自擂」的「理

想狀態」，所以這時候要從外部環境的視角，釐清「周圍的人對我們的期待，希望我們做什麼」（must，即必要性），再決定「理想狀態」。

只有從這三個視角得出的「理想狀態」才是合理的。

三種視角的案例

讓我們試著以「大目的視角」說明剛剛的「椅子張數太少」的情況。會議的大目的是一群人參加討論，並且形成共識，所以才說椅子張數太少會是「問題」。若從「內部環境視角」說明「沒有時鐘」這個情況，則可解釋成在第一線工作的員工為了顧及效率與安全，往往不會帶手表，所以房間沒有時鐘才會是問題，至於以「外部環境視角」說明「沒有電話」的情況，則可解釋成有時顧客會突然打電話來，所以會議室沒有電話才會是「問題」。

順帶一提，「椅子張數太少」不一定得從「大目的」視角才能解釋成問題。例如能以「內部環境」的視角解釋成「這個部門的內部非常複雜，有許多相關人士必須一起開會，所以椅子張數太少會是問題」，同樣的，也能以「外部

【圖4-14】決定「理想狀態」的三種視角

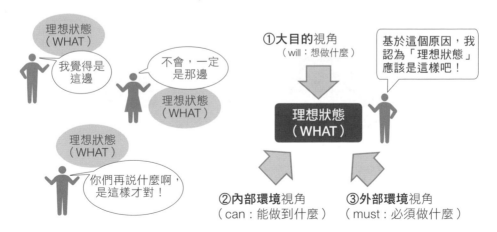

第四章　設定理想狀態　159

環境」的觀點解釋成「突然有外賓要一起開會時，這位外賓就沒有位子坐，所以椅子張數太少會是問題」。

重點在於設定型問題是「必須額外說明的問題」，也必須從「大目的」、「內部環境」、「外部環境」這三個視角說明。要在商場確定這三個視角，都常需要認知內部環境或外部環境的「分析論」，所以不是那麼容易。「分析論」的部分容我留待後續介紹，在此先繼續介紹設定型問題的概念。

「目的」與「目標」

接著讓我們一起想想，設定「理想狀態」的第二個難處，也就是「說明很容易變得抽象」這點。

設定「理想狀態」的重點在於分辨「目的」與「目標」。目的是向量的方向，是「朝向何處前進」的方向。而「目標」卻是向量的長度，是「到何時為止，要進展至何種程度」的進度（圖 4-15）。要請大家注意的是，這裡說的「目的」與剛剛提到的企業或事業的「大目的」不同，是較近程的目的。

之所以需要分辨「目的」與「目標」的不同，在於當我們遇到「設定型

【圖4-15】建構理想狀態的目的與目標

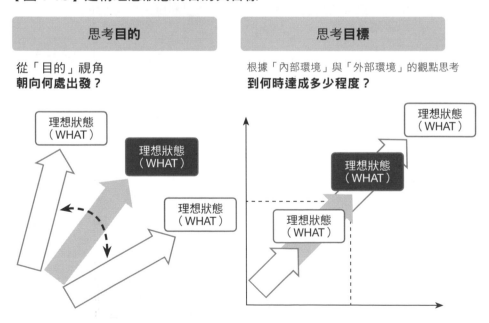

數位轉型
迎向科技大時代來臨

改變人類生活、
顛覆社會樣貌的科技創新

FACEBOOK　BLOG

經濟新潮社

如何「無所事事」：
一種對注意力經濟的抵抗

作者｜珍妮・奧德爾　譯者｜洪世民
定價｜400元

名列歐巴馬總統「年度員愛書單」
商業周刊 1741 期書摘推薦

《紐約時報》、《紐約客》、《華盛頓郵報》、《洛杉磯時報》、
《舊金山紀事報》、《紐約時報書評》、《Wired》等爭相推薦！

本書對於文化和企業力量的深刻批判已引起巨大的效應，為2019年最熱門話題書之一。

在一個人的價值取決於生產力的世界當中，我們的每一分鐘都被每天使用的科技捕獲、載入和挪用。當今的人類正處於訊息過載的沉重負荷，一種無法維持思緒的焦慮也龍罩著我們⋯⋯

所謂「無所事事」並非真的什麼都不做，而是從資本主義生產力的角度來看。本書的前半部是關於如何脫離（拒絕），後半部則是如何在時間／空間的意義上，重新接觸別的東西，這只有當你真正把注意力放在某人／事／物身上時才有可能做到。

問題」時，可根據「目的」或只從「目標」設定問題。較常從「目的」設定問題的是企業或開發這類業務，例如新事業企畫或是新商品開發這類工作，本來就該從創立事業的目的，或是開發新商品的概念開始討論。若換個角度來看，貿易公司、系統整合師、消耗財製造商這類業務內容無時無刻不在變化的業種，或是課長級、部長級這類的管理職，通常都需要從「目的」設定問題。

反觀製造類或營業類的業務，則是「目的」已經確定的業務，所以設定具體的「目標」顯得比較重要。製造類的業務通常以有效率地製造優質產品為目的，所以設定「該在何時，將效率提升至何種程度」的目標才是重點。營業類的業務也是一樣，這類業務的目的是如何讓顧客購買更多產品與服務，所以設定「該在何時，賣出多少數量的產品與服務」這種目標才是重要的。若以業種來看，物流、零售以及重化學工業這類產品與服務不會有明顯變化的業種或製造商，以及只需負責特定業務的業務員都肩負著特定的目的，所以重點通常在於設定「目標」。

不管是哪種業務，都必自行思考「目標」。

至於「目的」，則必須先確認屬於上位概念的方針，確定目的是從一開始就設定完畢的，還是必須連同目標一併設定。

描繪具體的「理想狀態」

了解「目的」與「目標」的差異之後，接著要描繪更「具體」的「理想狀態」。此時可利用圖 4-13 提到的「誰做、做什麼、怎麼做」這三個視角描繪，也能利用「到何時、到何種程度」的視角設定更具體的「目標」。

如果你是管理人力資源的負責人，那麼徵求業務的「理想狀態」的「目的」與「目標」可以是下列的內容：

例一：人事部提出自家公司的內定人選 ＋ 在明年三月為止增加至三十人

例二：優秀人才來聽自家公司的徵才說明會 ＋ 到今年十二月為止增加至一百人

例三：優秀人才答應畢業後來公司上班 ＋ 在明年三月為止增加至二十人

例四：優秀人才分發至部門後，熟悉相關業務 ＋ 三年後增加至二十人

以「誰做什麼、怎麼做」+「到何時、何種程度」的方式描繪，就能描繪出更具體的「理想狀態」，也能減少每個人在認知上的差異。但令人不禁產生疑問的是例一至四的撰寫方式。那麼到底該怎麼做，才能描繪出更具體、更精準的「理想狀態」呢？讓我們繼續看下去。

設定具體「目的」的注意事項

第一步先為大家介紹設定具體目的的注意事項，重點有二：

一是以「後期處理視線」撰寫目的。請大家參考圖 4-16。左側是以自己的視線，也就是以人力資源主管的「你」為主語的撰寫方式。右側則是以後期處理視線，也就是以應徵者為主語的撰寫方法。想必大家一看就知道，哪種寫法比較能設定具體的目的吧。

左側是由自己提出自家公司的錄取人選（通過徵才考試獲得錄用）。以自己為主語固然可行，卻看不出優秀人才是否答應進入公司任職。說得極端一點，這是一種只要人事部提出內定人選，就算最終很多內定人選不願報到，「人事部還是有盡責」的目的設定方式。

反觀右側的內容是從應徵工作的人才是否接受錄取來上班的觀點出發，所以比較能看出「這些人才是否願意進入公司，發揮一己之長」的結果。

設定具體的「目的」時，最好注意目的與成果之間的關聯，並以後期處理為主語撰寫目的的內容。以業務員的工作為例，目的應該是「顧客理解提

【圖4-16】以「後期處理視角」撰寫「目的」

徵求業務的案例

誰	人事部
做什麼	通過本公司徵才考試的人選
怎麼做	提出

誰	優秀的人才
做什麼	通過本公司徵才考試
怎麼做	答應來上班

以自己為主語，很容易寫成「自吹自擂」的口吻，又不知道最終能得到什麼結果

以後期處理的人會怎麼做的方式撰寫，就能看出自己的行動能締造什麼結果

案內容」而不是「自己去拜訪客戶」才對。若以開發人員的工作為例，該將目的設定成「生產部門了解設計內容」而不是「開發部門提出設計圖」。

第二個注意事項是設定「標準不高不低」的目的。請大家看看圖 4-17。每一個目的都是以後期處理的標準，並以「優秀人才」為主語撰寫的目的，但 C 的標準太低，很難看出與成果之間的關聯。優秀人才參加自家公司的說明會之後，若不來應徵就看不出結果。

反觀 A 是標準過高的目的，已遠遠超過人力資源徵才負責人的工作範圍。採用的人才能在分發至部門之後大放異彩固然是最理想的情況，但這樣的預期已超過徵才的工作範圍，因為人才能否好好表現，與分發的部門、分配的工作、上司的新人訓練以及其他因素都有關聯，所以這種目的已超過自己工作該有的「目的」。剩下的 B 則是不高不低，恰到好處的目的。優秀人才接受聘用條件是人事部的工作之外，也不難想像人才在進入公司之後活躍的模樣，也能看出目的與成果之間的關聯。

透過前述的二個重點評估前面的案例之後，可得知：

【圖4-17】設定「標準不高不低」的「目的」

徵求業務的案例

	誰做	優秀的人才	
A 更高的目的	做什麼	成為本公司業務	**這種目的的標準太高**，已超出職權範圍
	怎麼做	工作得心應手	

	誰做	優秀的人才	
B 高一階的目的	做什麼	通過本公司徵才考試	**這個目的設定得不高不低**，恰到好處。能看出目的與成果的關聯，也屬於職掌範圍
	怎麼做	答應來上班	

	誰做	優秀的人才	
C 目的	做什麼	本公司徵才說明會	**這個目的的標準太低**，很難看出最終能得到什麼成果
	怎麼做	參加	

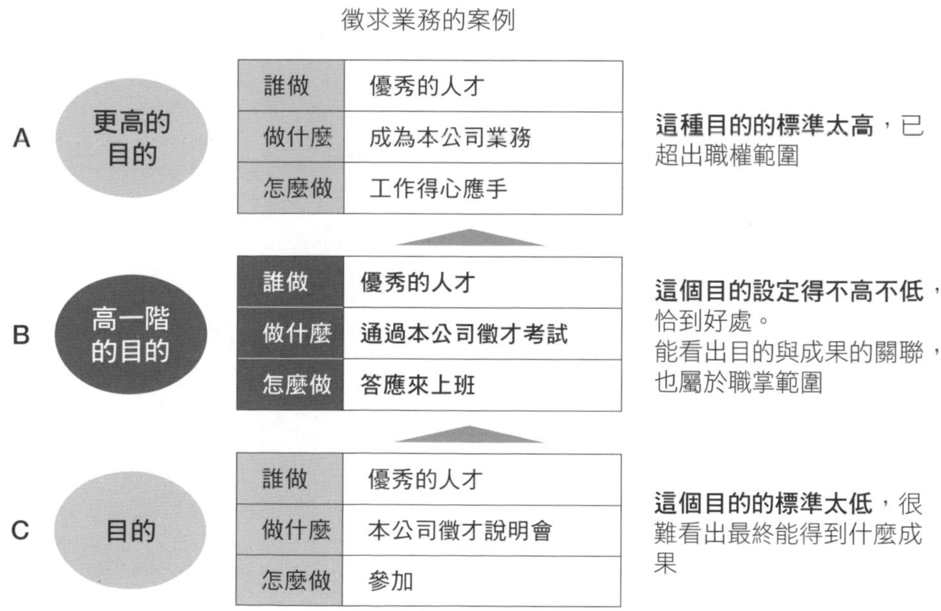

例三　優秀人才答應畢業後來公司上班 + 在明年三月為止增加至二十人

以此目的設定方式最為妥當。

就實務的標準而言，我最常要求講座學員以「高自己一階的立場」設定目的。正確設定「目的」就能正確設定「理想狀態」，也就能讓工作更盡善盡美，還請大家務必力求「目的」的正確性。

設定 KGI，以指標衡量結果

最後要說明的是設定「理想狀態」的第三個難處，也就是「很難得知理想狀態是否已經實現」。

在此為大家介紹 KGI（Key Goal Indicator，關鍵目標指標）這個概念。顧名思義，KGI 是用來衡量「目的」是否已經達成的主要目標指標；一個「目的」通常透過多個 KGI 衡量。

若以前述的例三「優秀人才答應畢業後來公司上班」為例，可設定的 KGI 有下列這幾種：

- 測量「優秀人才」的指標
- 多益（TOEIC）的分數
- 具備日文檢定的人數
- 具備祕書檢定的人數
- 曾參加體育社團的人數
- 行為特質評估的分數　等等

測量「答應畢業後是否真的來公司上班」的指標：

- 實際進入公司的人數
- 答應畢業後來公司上班的人數
- 放棄內定的人數　等等

對這些 KGI 設定「到何時、何種程度」的目標，就能設定更具體的「理

想狀態」（圖 4-18）。

如何正確設定 KGI

剛剛介紹了幾個可行的 KGI，但其實不是什麼都能當成指標使用。正確設定 KGI 非常重要，甚至可斷言「能正確設定 KGI 的人，就是工作能力很強的人」。KGI 的設定也將左右工作的完成度。若想正確設定 KGI，必須注意的事項有二：一是正確掌握上位目的，二是正確理解自己的影響範圍。

之前用來「測量優秀人才」的 KGI 有「擁有日文檢定的人數」與「曾參加體育社團的人數」，但仔細想想就會懷疑「擁有日文檢定的人數」真的能做為優秀人才的定義嗎？當然「曾參加體育社團的人數」也值得懷疑。

要確認指標是否真的對自己的工作很重要，必須回溯至上位目的。比方說，公司的大方針若為「強化日本市場」，那麼「擁有日文檢定的人」當然是「優秀人才」，如果公司想要的是「具有行動力與恆毅力的人才」，那麼「曾參加體育社團的人」很可能會是符合這個條件的「優秀人才」。若無法先正確理解這種「上位目的」，就很難正確設定 KGI。

此外，設定 KGI 時，也必須理解自己的影響範圍。如果你的工作不僅是徵才，還負責教育這些接受內定的人，那麼「曾參加體育社團的人數」只能用來說明徵才的成果，無法用來說明教育內定人選的成果。「多益的平均分

【圖4-18】具體的「理想狀態」

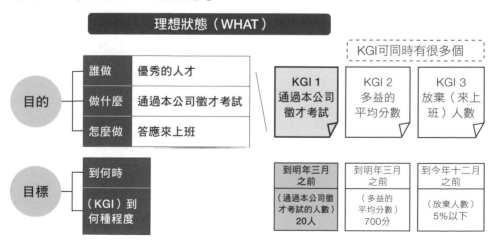

數」或「擁有日文檢定的人數」則是在徵才之後，還能進一步拉高的指標，所以能更正確地說明你的工作範圍。由此可知，像這樣正確認知「你的影響範圍」，就能設定更正確、更精準的 KGI。

設定具體「目標」的注意事項

學會正確設定 KGI 的方法之後，接著要設定目標。

先前我們針對例三的「優秀人才答應畢業後來公司上班」這個目的設定「答應內定條件的人數」這個 KGI，也設定了「到明年三月之前有二十人答應」的目標，但其實還能對這個目的設定「多益的平均分數」這個 KGI，以及「到明年三月之前，平均分數達七百分」這個目標。此外，若設定「錄取後放棄來上班的比例」這個 KGI，則可設定「到今年十二月之前降至 5% 以下」的目標。對目的設定多個可具體衡量結果的 KGI 指標，再設定「何時、做到何種程度」的目標，就能確認是否真的達到「理想狀態」。

為了確認「（接受內定條件的人數）在明年三月達二十人」的目標是否符合需求，必須透過「內部環境」與「外部環境」的分析結果評估。

請大家參考圖 4-19，若直軸是「程度」，橫軸是「何時」，那麼標準過高的目標、適當的目標與過低的目標都是潛在的目標。所謂標準過高的目標就是「根據外部環境的分析結果因應周遭期待（must），卻設定超乎自家公司能

【圖4-19】目標「太高」或「太低」

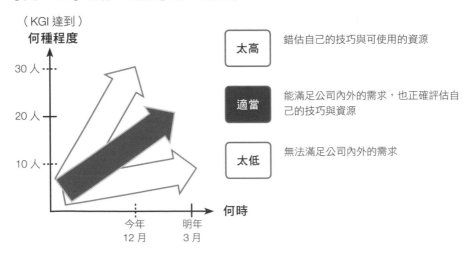

力範圍（can）的目標」，而標準過低的目標則是「過於重視自家公司的能力範圍（can），設定了無法滿足周遭期待的目標」。

以「答應內定條件」的 KGI 為例，外部環境應屬「來自事業部門的期待」、「應徵人數」或其他要素，而內部環境則是「根據人事費用評估的徵才能力」、「面試官的努力程度」或其他要素。

訂立標準過高的目標，可說是明明公司經營不善、沒有餘力增員，卻因為被事業部要求大量徵才而增加聘用的情況。訂立標準過低的目標，則是明明公司大幅成長，卻因為面試官不夠努力而減少聘用員額的情況。

不管標準是過高還是過低，若無法掌握「該做的事」與「能做的事」之間的平衡，就無法訂出妥善的目標。所謂的妥善的目標必須滿足周邊的期待（must），還必須是合乎自家公司能力範圍，兼具可行的目標。

此外，有時會因求好心切而設定了不符合周遭期待的高標準目標，不過這種情況實屬罕見。要是能以相同的成本達成這個目標或許還值得讚許，但是要注意的是，從成本面重新檢視這類目標之後，有時會發現這個目標遠遠不符合周遭的期待。

「理想狀態」的檢查事項

到目前為止，大家應該能依照圖 4-13 的流程決定觀點，設定具體的目的以及透過指標量化目標，藉此設定「理想狀態」。最後要為大家介紹的是確認「理想狀態」是否正確設定的四個檢查事項：

① 描繪的理想狀態不是現狀的延續，也不是痴人說夢，而是可能實現的未來
② 描繪的理想狀態能輕易想像，而且非常具體
③ 不是條列式的陳述，也沒有互相矛盾之處
④ 具有「大目的、外部環境、內部環境」的資訊與關聯

首先要先補充①的部分。一旦理想狀態過於偏向內部環境，就很容易只是現狀的延長，反之，若過於受到目的或外部環境影響，所謂的理想狀態就可能只是痴人說夢。理想狀態必須是兼顧二者，又具「可行的未來」。

至於②的部分，雖然我們已透過「誰做、做什麼、怎麼做」＋「何時、到何種程度」寫出具體的理想狀態，但還是需要確認每個人對這個理想狀態的解釋是相同的。最常見的情況就是未設定清楚的 KGI。以聘用員工的活動為例，若設定了「聘用員工的個人魅力」這種 KGI，就會因為個人魅力的定義過於曖昧而無法準確衡量結果，每個人對於個人魅力的解釋也很可能不一樣。此外，沒有設定明確的「時間」與「程度」也是常有的例子，例如每個人對於「快一點」、「做到理想程度」的解釋都是不同的，這點也要格外注意。

至於③的部分，則是要注意分析過於廣泛會出現各種問題，或是 KGI 多得沒辦法決定要用哪個的情況。

若以徵才的活動為例，會是「所謂的理想狀況是在明年三月之前，有二十名優秀的人才願意接受內定條件，部門用於應徵人才的時間與成本則在今年之內壓縮 30%，舉辦徵才說明會的次數則在十二月之前實施五次，部門裡的年輕員工可於本月之內具備舉辦徵才說明會的能力⋯⋯」的敘述。

這段敘述雖然不難懂，但最好還是把「增加聘用員額」、「壓縮成本與時間」、「培育部門年輕員工」的內容當成不同的問題處理才會更容易閱讀，而且這時候請務必確認這三段內容是否彼此矛盾。

最後要說明的是④，這部分就是請大家再次確認透過圖 4-13 的「大目的（will）、內部環境（can）、外部環境（must）」的視角分析的資訊，以及用於檢討的目的與目標是否密切相關。一如圖 4-6 所述，在實務上，通常會廣泛地蒐集資訊，所以必須再次確認於開頭設定的「理想狀態」是否真的與蒐集到的資訊相關。

容我重申一次，設定型問題的難處在於「必須說明問題為什麼是問題」，若不一邊提出佐證，一邊說明「理想狀態」，就很難達成共識，這點還請大家務必銘記於心。

設定課題，解決問題

比較理想狀態與現狀，再設定課題

　　學會正確設定「理想狀態」的方法之後，總算要進入設定課題與解決問題的流程了。話說回來，到底什麼是「課題」？所謂的課題可定義為「理想狀態與現狀的落差」。為了幫助大家正確理解這個概念，請先看看圖 4-20。

　　這是剛剛徵才為例的現狀示意圖。一開始設定的「理想狀態」是「到明年三月為止，有二十名優秀的人才通過徵才考試並答應來上班」，但在此該拿來與「理想狀態」比較的「現狀」又是什麼？理論上有三個。如果徵才是從五月開始，而現在是九月，預計明年三月結束：

① 當下的現狀：在九月的這個時間點只徵得五位優秀人才，所以現狀是
　「五位」
② 前次的現狀：去年徵才時，只招募了十五位人才，所以現狀是「十五
　位」
③ 橫向延伸的現狀：這目前的情況來看，到明年三月只能招募十位人

【圖4-20】「現狀」的各種解釋

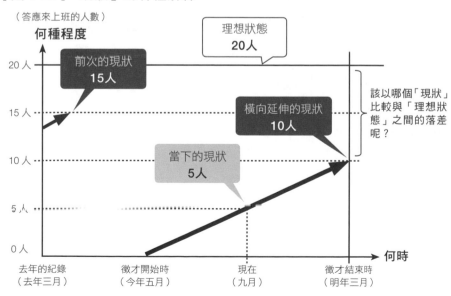

才，所以現狀為「十名」。

到底該如何看待「現狀」才正確呢？首先要討論的是①的「當下的現狀」，雖然目前招募了五位，但要是有人抓著「只有五位」的小辮子，指出目前「還差十五名」的問題，恐怕我們聽了也不會服氣，會很想以一句「時間還有一半以上，還來得及」頂回去吧。

顧名思義，②的「前次的現狀」就是上次活動的結果。這是去年招募了十五名人才，所以到明年三月之前，應該也能採用十五名的想法。由於這個想法的前提是去年與今年的狀況不會有太大的改變，所以對於今年的情況是否仍然一樣是沒有信心的。

③的「橫向延伸的現狀」則是根據活動開始五個月，只招募五人的速度預測到了明年三月，也就是活動開始之後的十個月，應該只能招募到十位人才。為了方便大家理解這個例子，才以「水平延伸」的預測方式說明，但我們有可能在最後關頭衝刺，所以預測後半段的五個月能比前半段的五個月招募到一倍的人數，最終招募到十五人也沒有什麼問題。這種以現況進行預測的方式稱為「水平延伸的現狀」。

想必大家已經明白，所謂的「現狀」也有各種觀察方式，而最常於實務使用的是「前次的現狀」與「水平延伸的現狀」。如果今年與去年的情況沒什麼明顯變化，就以「前次的現狀」檢討現狀與「理想狀態」的落差，倘若覺得今年的情況會有明顯改變，則可使用以「當下的現狀」類推而來的「水平延伸的現狀」檢討現狀與「理想狀態」的落差，如此一來，便能更正確地檢討現狀與「理想狀態」的落差。

「課題設定方式」的補充

接著針對設定課題的方式，為大家介紹常見的誤解。若以徵才為例，我很常聽到下列這種設定方式：

① 今年的課題是多舉辦幾次徵才說明會

② 目前的課題是徵才廣告文案寫得不夠精彩

③ 目前的課題是對理科大學生的徵才宣傳力道不足

這些設定方式看起來都沒什麼問題，但其實都藏著一些容易讓人產生「誤解」的語病，不管是①、②還是③的課題，都與本書定義的「課題」不同。①是與對策有關的說明，所以這裡提及的課題其實是「對策」，②則是在說明內定人數沒有成長的「原因」，③的課題其實是指出哪個類型的內定人數不足的「問題」。

　　本書定義的「課題」是「理想狀態」與現狀之間的落差，只要以圖 4-21 的方法比較，應該就能明白兩者之間的差異。

　　④ 目前的課題是在明年三月之前，通過徵才考試且答應來上班的優秀人
　　　才尚不足五位

　　語言有時非常曖昧，「課題」一詞很常被當成「問題」、「原因」、「對策」的同義語使用，而且麻煩的是，我們完全無法察覺這幾個詞有什麼不同。在解決組織的問題時，若無法使用相同的詞彙以及達成共識，就算是用用語溝通，也很可能牛頭不對馬嘴，一定要小心。

【圖4-21】設定的「課題」

	理想狀態（WHAT）	現狀		設定的課題
誰做	優秀的人才	優秀的人才		
做什麼	通過徵才考試	通過徵才考試		目前的課題是在明年三月之前，通過徵才考試並答應來上班的優秀人才尚不足五位
怎麼做	答應來上班	答應來上班		
何時	到明年三月之前	到明年三月之前		
（KGI達到）何種程度	（通過徵才考試並答應來上班的人數）20人	（通過徵才考試並答應來上班的人數）15人	落差	

在此也要注意「HOW 思考的陷阱」

要設定「課題」時，要特別注意第一章說明的「HOW 思考的陷阱」。TOYOTA 汽車的說法是「先射箭再畫靶」的課題設定方式，但還是有人會把「對策」與「課題」混為一談，所以在此為大家進一步說明。

剛剛提過，在①至④之中，只有④是正確的課題設定方式，但在①至③之中，最危險的是①，也就是把「課題」與「對策」混為一談的模式。若以這種模式設定課題，很可能會出現下列這種檢討方式。

課題：舉辦說明會的次數太少
問題：全年舉辦說明會的次數太少
原因：一整年都沒有舉辦說明會
對策：全年舉辦說明會

像這樣列出來之後，大家應該會立刻注意到某個奇妙之處，那就是最後的對策與最初的「課題」幾乎是一樣的內容。「無法擬出對策的是課題，而對策就是執行對策的部分」，這種思考邏輯簡直就是「先射箭再畫靶」的「HOW 思考」。若問這樣為什麼不行，就是不知道舉辦說明會能得到什麼結果，看不見所謂的「理想狀態」，也看不見現狀，沒找出問題，也沒找出原因，唯一可說的只有舉辦了說明會，這樣就不知道要解決什麼問題，只會白白浪費精力。

話說回來，大家可能會覺得「怎麼可能有人會寫成這樣」、「這種再明白不過的失誤一定會被立刻發明」，但在實務之中，是不是很常發生下面這幾個例子呢？大家看得出來下面這些例子的真正的「課題」到底是什麼嗎？

業務類：課題是太少拜訪客戶
製造類：課題是產線不夠自動化
企畫類：課題是沒讓年輕員工接手業務

若以業務類的例子來看，「拜訪顧客」屬於對策的部分，而「課題」則是「透過拜訪顧客而實現的『理想狀態』」或是「理想狀態與現狀有什麼落差」。舉例來說，「現在的課題是到本月月底之前，顧客購買自家商品的金額尚不足 ✕

萬元」，才算是設定了正確的課題。「拜訪顧客」不過是對策之一，並非唯一的對策。

製造類的例子也是一樣，「產線自動化」只是對策，如果在打造自動化產線的時候，採用了生產速度很慢的裝置，導致產能下降，或是採用非常昂貴的裝置，導致生產成本高漲，就沒有任何意義可言，所以真正的課題應該是透過「產線自動化」想實現何種「理想狀態」，若不先設定正確的課題，不管擬定任何對策，都只是白白浪費時間與精力。

正確的課題應該是「在下個月月底之前，讓 A 工廠的產能提升 10%」這類設定才對。「產線自動化」只是達成這個課題的手段之一，無法提升產能的自動化就沒必要執行。推行這類工作時，必須全程以這類觀點檢視。

企畫類的例子也是一樣。「由年輕員工接手業務」的這個對策可說是昭然若現，但是自年輕員工接手業務的那一刻起，到底想實現何種「理想狀態」呢？若不將現狀與「理想狀態」的落差視為課題，很可能會業務交接完畢後，不斷地出現問題，業務效率降低，這豈不是毫無意義可言嗎？所以像是「現在的課題是企畫部全年加班時數比全公司平均加班時數高出一百小時」的設定才是正確的。

「先射箭再畫靶」的做法無法正確地解決問題。在重新體會我們一不小心，就會掉入「HOW 思考的陷阱」這件事之後，希望大家能正確地設定課題。

從設定課題到解決問題的流程

經過前面的檢討之後，相信大家都已經學會設定課題的方法，接下來讓我們想想，該怎麼解決這個課題。請大家看看圖 4-22 的內容。「發生型」、「目標設定型」、「目的設定型」的課題都有不同的解決方法，就讓我為大家一一說明這些方法的差異：

發生型：一如前述，「發生型」的特性在於相關人士已對所謂的「理想狀態」形成共識，所以不需要進行「課題設定」流程的 WHAT 步驟。

若以招募人才的例子來看，當狀況是「招募活動不順利，舉辦了一年卻沒招募到半個人」，應該所有人都知道問題就是這個狀況。

此時不需要特別花時間討論「理想狀態」，所以解決課題的流程就是在

WHERE 階段找出問題所在，接著在 WHY 階段深掘這個問題的原因，最後再於 HOW 階段思考因應的對策。請大家把 WHERE、WHY、HOW 這三個基本步驟組成的流程先放在腦袋裡。

目標設定型：「目標設定型」課題的討論是最複雜的。在 WHAT 階段設定「理想狀態」之後，發現「理想狀態」與現狀的落差，也等於找到「課題」。之後只需要討論這個課題該怎麼解決。在前面的例子裡，課題是「到明年三月之前，答應內定條件的優秀人才尚不足五位」。讓我們想想看，在下列的三個方法裡，哪一個是最理想的方法：

①試著思考「採用五位人才」的方法
②試著思考「優秀人才尚不足五位」這件事
③試著思考「現階段錄取了哪些人」這件事

想必大家一定立刻發現①的方法哪裡不好了。這種方法就是所謂的「HOW 思考」。若採用這種方法討論，肯定會陷入每個人各持己見，意見卻毫

【圖4-22】「解決課題」的方法

	課題設定	問題解決		
	從「理想狀態」與現狀的落差認知「課題」	「課題」的某種現狀 將形成共識的某種現狀視為「問題」	針對「問題」探討「原因」	解決「原因」思考解決「課題」的對策
發生型	已形成共識的課題	WHERE	WHY	HOW
目標設定	WHAT	WHERE	WHY	HOW
目的設定	WHAT	與之前的方向完全相反，所以沒有現狀，也沒有原因		HOW

無根據的大混戰。

②則是將焦點放在「理想狀態與現狀的落差」的方法。不過，請大家仔細想想，若將注意力放在「優秀人才尚不足五位」這點上，接下來的思考流程會如何發展？愈是在「到底現在缺乏什麼樣的人才？到底什麼人才不足」這點鑽牛角尖，就愈找不到答案，因為這個答案若不從「現階段，採用了哪些人」這點思考就找不到。

具體的案例將透過圖 4-23 說明。當我們看清現狀，就能知道哪裡不足，也能知道在哪個部分努力，就能達到「理想狀態」，也能掌握理想狀態與現狀之間的落差。換言之，在上述的三個方法之中，只有③是唯一正解。像這樣將「課題的某個現狀」視為問題後，就能以發生型的流程，也就是透過 WHERE、WHY、HOW 這三個階段討論解決問題的對策。

目的設定型：這類課題的討論最為單純。雖然在 WHAT 階段設定「理想狀態」之後，該「理想狀態」與「現狀」的落差就是「課題」，但如果連「目的」都一併討論，那情況就完全不一樣了。再怎麼分析現狀也看不清現狀與原

【圖4-23】將「課題的某種現狀」視為問題

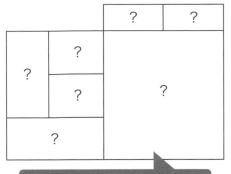

「課題的某種現狀」

不了解現狀，就無法看清現狀與理想狀態之間的落差

無法想像不足的五位人才該是哪種人才

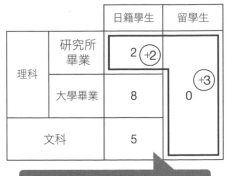

「課題的某種現狀」

了解現狀之後，就知道該在哪個部分施力，才能弭平現狀與理想狀態之間的落差

不足的五位人才是日籍理科研究所畢業生與留學生

因，只能思考 HOW（對策）的狀況就是所謂的「目的設定型」。

如果在前述的例子裡，公司的方針與環境從今年開始大幅轉變，決定成立「全球招募團隊」，招募來自國內與全球的人才，那麼工作的目的就會從之前的「優秀人才接受內定條件」變成「來自世界各地的人才接受內定條件」。

此時再以「目標設定型」的流程分析現狀也沒有任何意義。之前只招募國內的人才，所以就算在 WHERE 階段針對現狀進行各種分析，也很難從中得到招募全球人才的線索」。

同樣的，在 WHY 階段以「為何為何分析法」分析「為什麼到目前為止，無法從世界各地招募人才呢？」這個問題，大概也只能得到「因為之前沒有招募這類人才」這種一點幫助也沒有的結論。

當「目的」完全不同，再怎麼思考現狀與原因，也很難找到有用的線索，所以才會是在 WHAT 階段之後立刻進入 HOW 階段的流程。

補充說明「該避免的狀態」

最後有一點要補充。為了幫助大家進一步了解解決問題的方法，在此為大家介紹「該避免的狀態」（IF）的概念，這也是進階篇的重點之一。

我有時會在研修課程使用「該避免的狀態」這種概念檢討，但簡單來說，該避免的狀態就是「理想狀態」的對立面，而 IF 的策略就是在現階段什麼事情都還沒發生的時候，先設想「可能發生的最糟狀況」，再擬定「避免陷入該狀況的對策」。

我們是從「大目的、內部環境、外部環境」找出「理想狀態」，而 IF 的策略則是逆其道而行，先設定「最該避免的狀態」，再思考現在該做什麼，才能免於陷入該狀態的流程。除了前述從 WHERE、WHY、HOW 的流程思考的「發生型」、從 WHAT、WHERE、WHY、HOW 的流程思考的「目標設定型」與從 WHAT、HOW 流程思考的「目的設定型」之外，這種預設最糟的情況的概念就是從 IF、HOW 的流程思考的「風險型」。

在分析工作環境的時候，除了預估正面發展，偶爾也需要預測負面發展以及擬定相關的對策。如果大家遇到這種情況，請務必回想一下，還可以使用「該避免的狀態」這種與「理想狀態站在對立面」的概念。

環境分析

分析環境的意義

到目前為止，已經介紹了設定課題到解決問題的流程，而接下來要為大家進一步介紹環境分析的思維。

一如前述，「理想狀態」與「該避免的狀態」都是尚未發生的未來，每個人對於未來的認知也都不同，因此有必要「根據資訊與邏輯說明該往哪個方向走」，藉此說服他人。此時我們需要的是根據正在討論的主題蒐集相關的環境資訊與執行「環境分析」這個步驟。

所謂的環境分析到底是什麼呢？主要可透過以下三個重點說明：

1　鉅細靡遺蒐集資訊
2　取得更有力的資訊
3　找出資訊的意義

以飛鳥的視線鉅細靡遺蒐集資訊

第一個重點是「滴水不漏地蒐集所有資訊」。所謂的「飛鳥的視線」是飛鳥從高處俯瞰全局的比喻，而要滴水不漏地蒐集所有資訊，可使用以下三種方法：

1　應用現有的框架
2　組合現有的框架
3　繪製流程圖，自行建立框架

在說明這三個方法之前，容我先為大家說明「框架」是什麼意思。大家應該聽過「框架」這個字眼吧。所謂的「框架」就是「在討論事物之際，用於歸納的角度或觀點」。請大家參考圖 4-24，這是用來思考某間溫泉旅館的問題，整理相關資訊所繪製的圖。右側寫得密密麻麻的部分是「資訊」，左側則是彙整這些資訊的「框架」。

若問為什麼需要「框架」，是因為毫無章法地蒐集各種瑣碎的資訊，最終

只會蒐集到在意或感興趣的資訊，漏掉許多本該蒐集的資訊，而且若是在說明的時候，向對方說「發現了 12 個問題」，對方很可能會覺得你只是把想到的問題都列出來而已，沒有什麼可信度，反之，若能將「問題歸納成四個大項目」再說明，才能讓人有 MECE 的印象。要「滴水不漏地蒐集資訊」，就少不了框架這種思維。接著就為大家介紹剛剛提及的三種方法。

◆鉅細靡遺蒐集資訊

　　首先為大家介紹的第一個方法。其實有一些很常使用的框架，若能利用這些框架分析環境就能輕鬆地完成 MECE 分析，所以建議大家先將這些框架記下來。接著為大家介紹常於圖 4-25 的「共通分析」、「外部環境」、「內部環境」這三個項目使用的框架。

　　共通分析是一種能綜觀外部環境與內部環境再進行分析的框架，最為有名的就是針對外部環境的「消費者、競爭對手」與內部環境的「自家公司」進行的 3C 分析，而針對內部環境的「優勢、劣勢」以及外部環境的「機會、威脅」進行分析的 SWOT 也為人所熟知。此外，在 SWOT 分析加上願景的

【圖 4-24】什麼是「框架」

餐點	• 生魚片不夠新鮮 • 菜色不好 • 味噌湯冷掉了
溫泉	• 溫泉太小 • 更衣處太髒 • 溫泉不夠熱
房間、設備	• 房間的空調太弱 • 冰箱發出噪音 • 紙門有破洞
待客之道	• 服務人員不會打招呼 • 入住手續耗時 • 明明還在睡覺就來打掃

框架＝　　　　　　　　　　　　資訊本身
瀏覽資訊的觀點

項目	框架名稱	內容	全貌／應用場合
共通分析	3C	Customer （消費者） Competitor （競爭對手） Company （自家公司）	事業環境
	SWOT	Strength （優勢） Weakness （劣勢） Opportunity （機會） Threat （威脅）	事業環境
外部環境	PEST	Politics （政治） Economics （經濟） Society （社會） Technology （技術）	整體環境 （Environment）
	5Forces	新進入者的威脅、供應商的議價能力、購買者的議價能力、替代品的威脅、同業競爭者的競爭程度	業界的收益性
內部環境	價值鏈分析	企畫→開發→製造→銷售→物流	企業活動的流程
	SPRO	Strategy （策略） Process （業務） Resources （資源） Organization （組織）	經營企業的構成要素
	人力、物資、資金	人力 物資 資金	經營資源
	4P	Product （產品） Price （價格） Place （通路） Promotion （促銷）	行銷活動
	4M	Man （人力） Machine （設備） Material （材料） Method （工法）	產品製造

「V-SWOT 分析」則因為包含了大目的（will）、內部環境（can）、外部環境（must）這些項目，所以是能幫助我們快速設定「理想狀態」（圖 4-26）的利器。

有時候會看到以分析宏觀環境的 PEST 分析外部環境，而這種分析方式會於希望透過政治、經濟、社會、技術這四個觀點，觀察比事業環境更廣泛的外部環境時使用，最近也出現添加「環境」這個關鍵字，並且改變排列順序的 STEEP 框架。「五力」（5 Forces）則是很常在擬定競爭策略使用的框架，藉由分析來自外部的壓力，預估整個業界的收益。

在內部環境分析之中，就屬說明企業活動流程的「價值鏈分析」較為有名，其他還有常於我之前服務的理特管理顧問公司（Arthur D. Little）使用的 SPRO 分析，雖然這種框架較不知名，但很適合從策略（Strategy）、流程（Process）、資源（Resources）、組織（Organization）這四個觀點一窺企業課題。

「人力、物力、資金」是分析經營資源常用的框架，但最近通常會添加「資訊」這個項目。

在以業務為主的職場裡，行銷的 4P，也就是「產品、價格、通路、促銷」的分析框架最為常見，但以製造為主的職場，則喜歡使用包含「人力、設備、材料、工法」的 4M 分析框架，若在 TOYOTA 汽車以及旗下子公司舉辦研修課程，一定會看到這個框架。這些框架都能在必要之時立刻派上用場，記下來便有備而無患。

要注意的是，這些框架的「全貌」是什麼，換言句話說，就是了解這些

【圖4-26】幫助我們快速設定「理想狀態」的V-SWOT

願景V	機會O	威脅T
• • •	• • •	• • •

		機會O	威脅T
優勢 S	• • • • • •	活用優勢，掌握機會	活用優勢，避開威脅
劣勢 W	• • • • • •	克服劣勢，掌握機會	克弱劣勢、避開威脅

框架「該在哪些場面使用」。我曾在以前的職場親眼看過職場 3C 分析的分析資料。當時是以 3C 框架分析職場問題，但 3C 指的是「消費者、競爭對手與自家公司」，是用於分析事業環境的框架。硬把這個框架用於分析職場問題，只會得出「職場的消費者、職場的競爭對手、職場的自家公司」這種莫名其妙的分析結果。

若想避免自己誤用這些框架，建議大家在記下這些框架的同時，一定要連「框架的全貌」、「該於何種場合應用」一併記住。

組合現有的框架

第二種方法就是融合剛剛介紹的框架再使用。利用現有的框架分析時，常無法剛好套用在要分析的情況上，比方說，原本想利用 3C 框架分析消費者、競爭對手與自家公司，但大部分的資訊都集中在自家公司，所以會想進一步分析「自家公司」的部分，此時不妨先利用 SPRO 分解「自家公司」這個部分，再以「人力、物資、資金」這個框架拆解 SPRO 的「資源」部分（圖4-27）。

若能正確掌握框架的全貌，能就像這樣利用不同的框架進行層層分析，有機會還請大家試著組合不同的框架。

一如故事的圖 4-5 所示，戶崎先以 SPRO 框架初步分析內部環境，接著以價值鏈分析這個框架分析「業務」，又以「人力、物資、資金」這個框架分析「資源」，所以能減少分析的疏漏。在實務的分析裡，通常都會注意比較細

【圖4-27】連結框架再使用

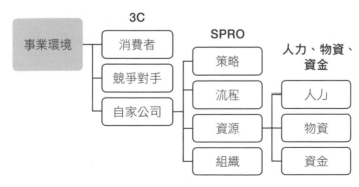

微末節的資訊，但活用現有的框架減少分析的疏漏，就比較有機會找出更具說服力的「理想狀態」

繪製流程圖，自行建立框架

最後為大家介紹的第三個方法，也就是「自行建立框架」的方法。如果遇到的情況沒辦法使用現有的框架分析，組合多個框架也無法完全套用，可試著從零開始，建立屬於自己的框架。

讓我以前面的故事為例，如果戶崎以 PEST 分析多媒體事業部的「外部環境」，會得到什麼結果？設定多媒體事業部的「理想狀態」時，應該與「政治」沒什麼關係吧？此外，將 HD-DVD、藍光光碟的規格與 HDD 的趨勢全當成「技術」這個項目，也無法進一步分析這三個部分。那麼能不能用 3C 或 SWOT 分析？這二個框架一樣無法完美套用在外部環境的分析上，所以戶崎為了更完整地進行分析，特地畫了圖 4-2、圖 4-3 全貌圖，一般會將這種圖稱為「流程圖」，是一種將焦點放在「資訊的流動途徑」，從中篩選出「登場人物」、「產品」或其他主要內容，藉此以俯瞰的角度綜覽生意的全貌。圖 4-6 的上半部是戶崎自創的外部環境分析框架，而在實務進行分析時，往往無法直接套用現有的框架，所以建議大家把這種畫出流程圖，自創框架的方法記下來。

釐清立足點再進行分析

在此要請大家注意的是，在實務建立框架與進行分析的時候，記得「先釐清立足點」。

如果你隸屬於某間大型製造商旗下子公司的會計部，而你為了檢討部門的課題，分析了會計部的外部環境。既然要分析的是外部環境，所以利用「PEST」分析，就能滴水不漏？其實並不盡然，因為從「會計部」這個立足點來看，部門之外的環境都屬於外部環境，所以「其他部門」雖屬同一間公司，但從會計部來看，其他部門仍等於是「外部環境」。

只要套用前面介紹過的「大目的（will）、內部環境（can）、外部環境（must）」，就能知道為什麼其他部門屬於外部環境了。比方說，事業部門要會計部「早一點算出成本」，而這對會計部來說，這是來自「外部環境」的要求。

除此之外，若從「大型製造商旗下子公司的會計部」這個立足點往外看，外部環境應該還包含下列這些部門：

- 公司內部的相關部門：業務部、企畫部或其他
- 隸屬同集團的其他公司：母公司、交易對象或其他
- 會計業界的趨勢：會計準則或其他

若能先釐清立足點，就能在設定「理想狀態」之際，掌握所有該檢討的範圍。

利用蟲眼取得強度更高的資訊

到目前為止，我們已經學會利用鳥眼全面蒐集資訊，而環境分析的第二個重點則是「利用蟲眼取得強度更高的資訊」。鳥眼是從高處俯瞰全局的視角，而「蟲眼」則是以特寫的距離分析環境的意思。從鳥眼的角度建立滴水不漏的分析框架之後，就需要以蟲眼從這些框架取得更細膩、更具體的資訊。

在此介紹「資訊強度」的概念，請大家可以看看圖4-28的部分。寫在左側的六個觀點是「高強度資訊」的著眼點。對大部分的企業來說，「外部資訊、第三方資訊」這類客觀資訊比內部資訊或當事人資訊更具說服力。由數據組成的「量化資訊」或是從實際見聞歸納而來的「直接資訊」也很有說服力。「權

【圖4-28】利用蟲眼取得高強度資訊

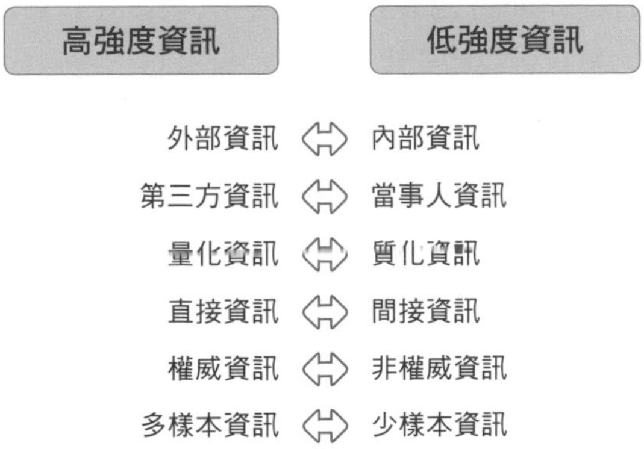

高強度資訊		低強度資訊
外部資訊	⟨⟩	內部資訊
第三方資訊	⟨⟩	當事人資訊
量化資訊	⟨⟩	質化資訊
直接資訊	⟨⟩	間接資訊
權威資訊	⟨⟩	非權威資訊
多樣本資訊	⟨⟩	少樣本資訊

威資訊」則是來自權威的資訊，也有來自適當的人的資訊，例如具有一定權限，或是對情況知之甚詳的人的資訊，通常都具有說服力。最後的「多樣本資訊」顧名思義，就是透過多種樣本佐證的資訊，想必大家也知道，樣本愈多，愈有說服力。

我記得與 TOYOTA 汽車討論教材的時候，他們提到了「現地現物」這個親赴現場，親眼確認實物的概念，這與剛剛提及的「高強度資訊」可說是不謀而合，不過 TOYOTA 偏重於「現場」的資訊，所以認為「內部資訊、當事人資訊」比「外部資訊、第三方資訊」更具說服力，我還清楚記得當時將這個部分改寫成「現場周邊資訊」。

即使討論的是同一件事情，從這六個著眼點蒐集「高強度資訊」就有機會得出更具說服力的結論。只要多花一點工夫，就能讓結論更具說服力，所以建議大家把這六個著眼點記下來。

蒐集資訊之後，找出其中的意義

一開始以俯瞰全局的角度建立框架，接著又以特寫的距離蒐集了高強度資訊，最後要為大家介紹第三個重點，也就是「找出箇中涵義」。

找出箇中涵義的意思是根據資訊預測，再思考預測結果對於自己的意義。如同故事四的圖 4-7 所示，戶崎在最後向浪江或山邊提及的「天空、雨水、雨傘」的概念就屬於「找出箇中涵義」的部分，簡單來說，整個流程就是對於「陰天」這個事實做出「好像快要下雨」的預測，接著找出「應該帶傘出門」的涵義。

這個步驟的重點在於「預測」。對於「陰天」這個事實預測「不會下雨」或是「會下雨」，對我們來說，意義將大不相同。有時在實務遇到景氣非常惡劣的情況時，預測「景氣會持續惡化」或是「景氣將止跌回昇」，都會讓我們做出截然不同的結論。「預測」是一種對未來的猜測，所以沒有人說得準，而在實務上，通常會先徹底分析過去的趨勢，採訪了解相關情況的人，藉此盡力提升「預測」的精確度。

完成預測後，接著就是「思考預測結果之於我們的意義」。倘若預測結果是「可能會下雨」，結論可能會是「帶傘出門」、「不要外出」、「穿雨衣」或其他類似的內容。單一事象對我們的影響有可能是正面的，也有可能是負面

的，所以先與相關人士在各種事物的看法或見解達成共識是非常重要的。

　　我很常在研修課程提出環境分析的課題，但學員通常只是把想得到的事實列出來，為了避免如此，請大家務必以俯瞰全局的角度建立框架，再以特寫的距離蒐集高強度資訊，最後再找出這些資訊對於公司的意義，如此一來，才能完整分析內部環境與外部環境，進而設定正確的「理想狀態」。

　　其實還有很多該介紹的分析方法，但這不是本書的主題，所以我打算到此為止就好。希望大家今後別再漫無目的地蒐集資訊，而是要求自己鉅細靡遺地蒐集高強度資訊，以及找出這些資訊對自己的意義。

！第四章重點整理

1　「發生型問題」與「設定型問題」需要以不同的方式思考

2　透過「目的、內部、外部」這三個觀點設定「理想狀態」

3　具體思考「目的」與「目標」

4　設定 KGI，以便衡量目的的達成度

5　根據「理想狀態」與現狀的落差設定課題

6　目標設定型的課題會將課題的某個現狀視為問題再解決問題

7　目的設定型的課題會討論達成「理想狀態」的對策

8　利用鳥眼的視角全面蒐集資訊

9　利用蟲眼的視角蒐集高強度資訊

10　根據事實進行預測與做出結論

第五章

擬定對策

故事 五　思考對策的人

雖然課題已近在眼前……

　　盂蘭盆節過去，朝夕稍微變涼之際，會議在一大早開始了。在經歷過上次因資訊不足，討論遲遲未能縮小範圍的教訓之後，每位成員都用心地蒐集了許多資料，也根據資料進行分析。這天的會議打算先分享彼此手上的資訊，再討論課題與對策，每個人都有心理準備，這次的會議將會是場耐力賽。

　　內部環境分析的部分是由多媒體事業部的成員負責（圖 5-1），外部環境分析裡的「多媒體產品 & 企業」也是由較了解現況的多媒體事業部負責，其餘的「市場動向」與「事業部之外的動向」則由經營企畫部負責分析（圖 5-2）。

　　戶崎為了教育星田，讓他負責分析「消費者動向」與「內容動向」，藉此練習宏觀環境的分析，也為了讓他進一步了解公司，要他分析「事業本部動向」與「工廠動向」，星田也不斷地在網路上搜尋資料，或是直接打電話到工廠詢問。看來星田在這次的專案之中不斷成長。

　　為了根據分析的結果設定課題，繼續討論了多媒體事業部的「目的」與「目標」。一開始，所有成員又再次確認了多媒體事業部的大目的，也就是「製造各種儲存媒體，提供消費者價廉物美的儲存媒體，提升全球每個人的生活品質」。

　　接著是討論內部環境的分析結果，得出自家公司具有製造 CD 或 DVD 的知識與技術，也有顧客，所以應該善加利用這二項優勢。

　　最後在討論外部環境的分析結果時，大部分的人都同意半導體的市場雖然逐步擴張，但是光碟卻未因此被消滅，容量反而不斷增加，藍光光碟有可能因此成為主流，所以結論就是多媒體事業部的目的應該是「達成全球的消費者都購買藍光光碟的狀態」（圖 5-3）。

　　釐清「目的」之後，眾人又開始討論「目標」。

　　首先討論的是「時程」的問題，設定的時間點為電視全面數位化，內容

資料容量增加的二〇〇七年底。

接著討論的是「規模」的問題。大家決定先與半導體、HDD、DVD這類競爭商品比較再決定這項事業的規模。這類產品的價格會因容量而不同，所以為了能以相同的標準比較，便以價格除以容量的「每吉位元組單價」進行比較，之後也根據這幾年的價格趨勢，設定每吉位元組在二〇〇七年底的單價為三十日圓（圖5-4）。

最後，討論的是多媒體事業部的「理想狀態」。全體認為多媒體事業部的理想狀態就是「在二〇〇七年底，讓全球的消費者以每吉位元組三十日圓的單價購買藍光光碟」（圖5-5）。

再次陷入迷宮

午休過後，下午的討論一開始，安達便如突襲般拿出具體方案。

「我們是有具體討論過藍光光碟的量產，但DVD的產量以中國的珠海工廠最為優異，要不要連藍光光碟都交給珠海工廠呢？」

浪江也附和：「我也贊成這個意見，如果在日本國內生產，成本會提高，沒辦法與別人競爭。」

不過，曾於珠海工廠長期出差的山邊卻激烈地反對：

「珠海工廠的技術力應該沒辦法突然生產藍光光碟吧，就連生產DVD也常有瑕疵品，為此我還常常跑去珠海工廠。我覺得新產品還是要先在日本國內的工廠顧及品質。」

沒想到新進的星田也發言：「差不多在二個禮拜之前，我透過電話請教過珠海工廠總經理，他告訴我，生產的品質老是有問題，害他傷透腦筋，在這個節骨眼要他生產新產品，恐怕是有點強人所難……」

一直在旁邊聽著眾人討論的高橋探出身子說：

「這麼說來，之前不是有提出將資源投入DVD-R事業的案子，那個案子的結果如何？我記得那時候為了減少生產品項，而打算從沒什麼前景的卡帶、FDD與MO的市場撤退，如果真是這樣，那印尼巴淡島工廠要生產什麼？巴淡島工廠的技術力不足以生產藍光光碟吧？這也是要考慮的地方。」

山邊接著說：

「雖然安達課長說要量產藍光光碟，但在此之前，應該要先開發吧？我覺

【圖5-1】內部環境分析結果

			部環境分析

策略	部門中程經營計畫		● 中程經營計畫舉出了「在新領域有所斬獲」這類內容。
流程	業務	行銷業務	★ 在光碟的領域裡,以OEM的方式與更多顧客交易
		營業銷售業務	★ 大部分的光碟顧客都有可能著手製造藍光光碟
		售後服務業務	● 與光碟顧客不同的是,還未與HDD碟片的顧客交易過 ● HDD碟片的大客戶是韓國與北美西海岸,但自家公司在這兩處沒有維修據點
	產品設計	先行開發業務	★ 從去年開始著手開發藍光光碟
		產品開發業務	● 三年前已啟動HDD、快閃記憶體的先行開發
	生產技術	材料調度業務	★ 事業部保有調度光碟製造材料的門路
		工程設計業務	★ 藍光光碟與DVD在設備與鑄模這些部分有很高的共用性
		設備鑄模開發業務	◇ CD或DVD一直以來都是以便宜的製程與大量生產的優勢作戰
		生產管理業務	● 要製造HDD必須採用新的製造設備 ● 要製造半導體需要投資巨額的資金購買設備

（接右頁）

符號說明
★ 目用於設定目的的資訊
◇ 用於設定目標的資訊
● 未使用的資訊

資源	人力	管理人員	★ CD的產量下滑，光碟的技術人員變得比較閒
		技術人員	◇ 到了二○○七年之後，生產人員會因CD產量大幅減少而出現冗員
			● 公司內部懂得生產HDD或半導體的技術人員很少
	物資	實驗試作設備	★ 公司保有檢查藍光光碟或HDD表面細微變化的實驗裝置
		生產設備	★ 當CD的產量下滑，製造光碟的生產設備就會閒置
			◇ 到了二○○七年之後，CD的產量就會大幅減少，生產設備就會閒置
			◇ DVD的成長無法抵消CD產量減少帶來的損失
			● 部分的CD生產設備可在整修之後，挪為製造DVD或藍光光碟之用
	資金	事業部預算	★ 事業部的業績低迷，能以低預算投資的藍光光碟具有相當的吸引力
	資訊	技術	★ 事業部擁有許多與光碟相關的專利以及製造知識
		品牌	● 沒有快閃記憶體、SSD這類半導體的製造技術
			● 長期以來一直製造磁碟，卻沒有製作HDD磁碟的技術
組織	事業部組織		● 事業部以媒介種類分成FDD、MO、DVD這類組織
			● 有人認為過於細分的事業部組織不利工作

				外部環境分析

公司之外	內容動向	服務＆企業	節目製作	★ 全球的主要電影公司都支持「藍光規格」
			電影製作	◇ 電視自2007年正式數位化之後，內容的資料容量增加
			網路內容	● 電視台使用的營業用磁帶可能會是殘存的磁帶媒介
	儲存裝置與終端裝置的動向	多媒體產品&企業	快閃記憶體	◇ FDD／MO／卡帶將被光碟取代，三年之內將消失
				● 快閃記憶體、SDD的每吉位元組單價雖然不斷下滑，但似乎不會比HDD來得低
			SSD	★ 可「拆卸」這點是光碟不會被HDD取代的原因
			HDD	★ 光碟的規格將統一，並且走向大容量的規格
			藍光光碟	★ 就光碟而言，在技術上最有可能走向大容量規格的藍光光碟最有潛力
			HD-DVD	◇ 從2005年的現況來看，DVD-R的每GB單價為35日圓、HDD為63日圓、藍光光碟為100日圓、快閃記憶體為1750日圓。DVD-R在二年後價格有可能為19日圓
			DVD-R/RW	◇ DVD-R在開始銷售之後的三年內，價格以 年減45%的速度下降。
		通訊服務&企業	音樂串流	● 音樂的銷售模式將從實體CD轉換成下載購買模式
			影像串流	★ 影像串流服務雖然愈來愈熱門，但高畫質的影片還是透過光碟銷售

（接右頁）

公司之外	消費者動向	與播放有關	◇ 2011年停止發射類比訊號之後，家用錄放機器將迎來一波汰舊換新的熱潮
		與錄影有關	
		與攝影有關	● 電視預錄裝置將以錄影、播放速度較快的HDD錄影機為主流
		與網路／有線電視收視有關	★ 為了高畫質的電影或連續劇購買大容量光碟的消費者將增加
		與網路上傳有關	● 資料容量較小的影片將以網路收看為主流。
事業部之外	事業本部動向	機能裝置事業部	● 公司雖有製造HDD磁頭的技術，卻沒有製造磁片的技術
		生產管理本部	● 公司正在開發藍光光碟所需的藍光雷技術
		基礎研究所	★ 因CD需求下降而減少的材料採購量可利用其他的光碟產品彌補
	工廠動向	滋賀縣高島工廠	★ 希望讓為了全球化建設的直徑12公分光碟生產線運作
		福井縣小濱工廠	● 沒有製造快閃記憶體、SSD這類半導體的設備
		中國廣東省珠海工廠	● 也沒有製造HDD碟片的設備
		印尼巴淡島工廠	● 製造磁帶媒介的設備幾乎已經攤提結束

符號說明

★ 用於設定目的的資訊

◇ 用於設定目標的資訊

● 未使用的資訊

【圖5-3】多媒體事業部的目的設定

大目的 （will）	● 製造各種儲存媒體，提供消費者價廉物美的儲存媒體，提升全球每個人的生活品質
內部環境 （can）	● 雖然在光碟領域擁有以OEM的方式提供產品給多位顧客的成績，但這些顧客將著手製造藍光光碟 ● 事業部擁有製造光碟的技術、知識、原料調度路徑與設備，也已著手開發藍光光碟 ● CD需求量下滑的同時，光碟的生產設備與人力都有部分閒置，能以較低預算投資的藍光光碟很具吸引力
外部環境 （must）	● 即使快閃記憶體、SSD、HDD的需求成長，光碟仍可存活 ● DVD-R/RW雖是目前的主流，但遲早會以大容量的藍光光碟為主流 ● 全球的主要電影公司都支持藍光規格 ● 希望各工廠能持續以全球化的方式生產藍光光碟與直徑12公分的光碟 ● 採購部門希望透過其他種類的光碟產品彌補因CD需求量下滑而減少的採購量 ● 基礎研究所正在開發藍光光碟使用的藍光雷射

具體化的目的

誰做	全球消費者
做什麼	藍光光碟
怎麼做	購買

KGI
每GB
單價※

※ 每 1GB 容量的價格

【圖5-4】多媒體事業部的目標設定

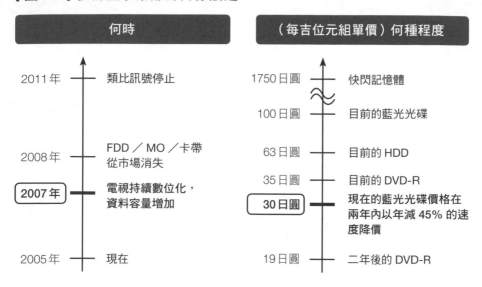

何時		（每吉位元組單價）何種程度	
2011年	類比訊號停止	1750 日圓	快閃記憶體
		100 日圓	目前的藍光光碟
		63 日圓	目前的 HDD
2008年	FDD ／ MO ／卡帶從市場消失	35 日圓	目前的 DVD-R
2007年	電視持續數位化，資料容量增加	30 日圓	現在的藍光光碟價格在兩年內以年減 45% 的速度降價
2005年	現在	19 日圓	二年後的 DVD-R

【圖5-5】多媒體事業部的課題

「理想狀態」（WHAT）		現狀	課題
誰做	全球消費者		
做什麼	藍光光碟	自家公司目前尚未進軍藍光光碟市場，所以沒有現狀可言	在2007年年底，全球的消費者未無法以每GB單價低於30日圓的價格購買藍光光碟
怎麼做	購買		
何時	到2007年年底		
（KGI）何種程度	（每GB單價）降至30日圓以下*		

* 參考： 藍光光碟的容量為25GB， 所以每片為750日圓

得要先在事業部之內建立開發體系。」

對此，浪江提出反對意見。

「感覺事業部不管做什麼，都行不通，因為沒有技術。話說回來，基礎技術部門不是有在開發嗎？」

星田邊翻手帳邊說。

「我有詢問過基礎技術部門，他們似乎正在開發藍光光碟所需的藍光雷射，但沒進一步確認他們有沒有製造藍光光碟的技術。」

高橋提到「從開發的角度來看，不能什麼都只靠現有的技術，有必要可以從外面引進技術。」

最終雖然找出問題的原因，也從「理想狀態」與現狀的比較找出課題，卻在思考具體的解決方案時，再度陷入迷宮。

別忘了過去的成功與失敗

此時戶崎從座位站了起來，一邊在白板畫圖，一邊開始說明。

「到目前為止的討論之中，有二種不同的對策，一種是發生型，就是針對原因思考對策的流程，另一個是設定型，就是針對課題思考對策的流程。白板上的是這二種流程的討論結果（圖5-6）。」

所有人邊看著白板的內容，一邊點頭贊同。

「所以為了避免在最後的最後陷入HOW思考，我想在接下來的討論利用邏輯樹整理出具體對策。」

第一步，戶崎針對DVD-R事業的原因，畫出了擬定相關對策的邏輯樹。

「DVD-R事業的根本原因在於沒有提出進攻市場的方針，所以對策的大方針就是進攻市場的方針，但具體上，我們到底該怎麼做呢？」

高橋突然堅決地說：

「應該先由我對整個事業部布達命令吧。」

「的確是。讓整個事業部將這件事放在心上很重要。就這個觀點來看，還有其他可做的事嗎？」

戶崎發問後，安達立刻回答：

「不僅是我，也要讓其他上司徹底知道DVD-R事業很重要。」

接著星田有所顧忌地說：

「讓大家重視 DVD-R 事業固然重要，但每個人的重視程度不一樣，必須靠制度來規範。」

「意思是要有點激勵嗎？」高橋接著說：「不過之前也沒這麼做過，我覺得，將這件事放入部門的中程經營計畫，落實為個人行動目標就夠了。」

不過戶崎接著意有所指地問：

「從制度與提高重視度，打出進軍 DVD 市場的方針，多媒體事業部的所有人真的就會動起來嗎？」

浪江毫不猶豫地回答：

「我覺得不會，用嘴巴說誰不會啊。之前也不是沒說過要在某些事業投注心力。」

安達在看到一臉不開心的高橋之後，有點緊張地說：

「如果真的有心要做，大家應該會感受得到啦，以前在創立 CD 事業的時候，大家就感受到公司是來真的。」

說到這裡，高橋便開始回顧多媒體事業部當年是如何在 CD 市場大殺四方。多媒體事業部之所以能在 CD 市場取得一席之地，在於判讀市場將會擴張，搶先其他公司一步投資設備，增加生產能力，再以較低的成本打敗對手，接著還生產更多的產品與積極增加人力，反觀 DVD 事業都未在人事與設備進行如此大膽的投資，所以才導致現在如此低迷。

【圖 5-6】二個對策

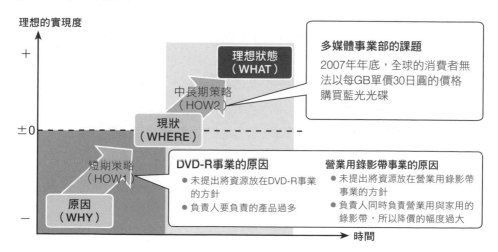

由此可知，若想在 DVD 或藍光市場站穩腳步，關鍵在於增加人事投資，擴張生產規模與取得成本優勢，也決定在討論具體方案之際，納入這些觀點。

最該先做的是？

戶崎在見到討論告一段落之後，便對與會的成員說。

「我想，我們已經找出所有的具體方案了，但不可能全部都執行，所以要先排出這些方案的優先順序。我想根據『有沒有效果』、『成本高不高』、『可行性高不高』、『花不花時間』這四個觀點排出優先順序。」

經過漫長的討論之後，總算畫出能解決三個事業部的原因或課題的邏輯樹（圖 5-7、圖 5-8、圖 5-9）。

高橋看來看手錶，發現時間已是晚上七點。從早到現在已經開了十個小時的會，所有人都累壞了，於是高橋便建議結束會議：

「大家今天都辛苦了，下週再繼續吧。」

「的確，今天已經找出不少具體方案，在下次開會之前，讓我們先整理這些方案吧。」戶崎說完之後，又語帶抱歉地補充：

「最後，請讓我介紹活動地圖這個思考模式。活動地圖是觀察組織的活動是否不夠整合的地圖，主要的內容是『克服原因、解決課題的大方針』、『實現大方針的具體方案』與『實現具體方案的支援活動』。不知道能否請事業部在下次開會之前，以上述的活動地圖思考這些內容。」（圖 5-10）

「我知道了，事業部會先做出草圖，留待下次開會使用。」安達爽快地承諾後，所有人散會。

目標是一網打盡

到了隔週上午，所有成員都走進同一間會議室。一就座，戶崎便問安達。

「活動地圖畫得還順利嗎？」

「嗯，應該還算順利吧……基本上是整個事業部一起討論的結果。」

安達將資料發給所有人（圖 5-11）。

活動地圖網羅了之前討論的所有內容，也把所有活動內容鉅細靡遺地寫了出來，戶崎便安心地說。

「畫得實在太詳盡了，可一眼看出全貌。在這些活動之中，有沒有互相矛

盾的部分？」

「這可是花了九牛二虎之力才畫好的，」浪江苦笑地說：「最後雖然沒有矛盾的部分，但一開始可是有很多矛盾的地方啊，例如在增加人力的部分寫了中途採用，後來又把中途採用改成人事異動。」

「原來如此，但最終似乎沒有矛盾之處對吧。在這些活動之中，有哪個部分會是較大的對策呢？」

安達回答：

「我們事業部在討論的時候，也有提到這件事喲。比方說，共用設備或是精簡生產線都很重要，最終甚至導出工廠重組這個話題。討論到停止製造不符成本的產品以及人事異動時，也想到是不是乾脆賣掉整個事業會比較好。」

「是這樣嗎？」戶崎在活動地圖畫了幾條線之後，把整理過的活動地圖畫在白板上（圖 5-12）。

「整理這些活動之後，可找到賣掉整個事業以及工廠重組這二個一網打盡所有活動的大對策耶。小對策固然重要，但要讓事業部脫胎換骨，恐怕需要這麼大膽的對策。」

聽到這裡，高橋滿意地點點頭。

接著所有成員一邊根據工廠與產品繪製表格，一邊討論要出售哪些事業，又要讓哪些工廠精簡哪些事業（圖 5-13）。

最終得出的結論是，姑且不論卡帶、FDD、MO 這些事業能不能賣得好價錢，都先尋找買家。

此外，為了創立藍光光碟事業，選擇在技術最好的滋賀縣高島工廠創立，也將營業用錄影帶的生產交給福井縣的小濱工廠。

產品品質不盡理想的中國珠海工廠則不在工廠重組的對象之列。近年來，愈來愈不符合成本的 DVD 事業則乾脆交由出售事業之後，產能將會過剩的印尼巴淡島工廠處理。一開始先負責小濱工廠的 DVD 產量，等到藍光光碟事業創立，再接手高島工廠的產。

賣掉事業與工廠重組的藍圖到此已經完成，接著由事業部著手可行性研究（feasibility study），全體也同意這麼做。

要改善的原因　　　　　　對策的大方針　　　　　　　　　具體對策

以制度獎勵

釐清投資DVD-R
的動向

強調重要性

未提出投資
DVD-R的
方針

提出投資
DVD-R
的方針

增加人力

呈現投資DVD-R
的態度

進行投資

減少負責人對應
的客戶

負責人對應
的產品數量
過多

減少負責人
對應的產品
數量

減少產品種類

	效果	成本	可行性	時間
		長期判斷		
編入中期經營計畫	○	◎	○	○
列為個人行動目標	△	◎	×	△
增加獎勵	○	×	△	△
由事業部長布達	△	◎	◎	◎
由上司強調這項業務的重要性	○	◎	○	○
採用新進人員	○	×	×	×
從其他領域調來人才	◎	○	○	×
進行開發投資	△	×	△	△
進行設備投資	△	×	△	△
增加人力，減少負責的客戶	◎	△	○	×
挑選顧客，實質減少客戶	△	×	×	×
產品的標準化與整合	○	×	×	×
停止製造不符成本的產品	○	○	○	△

【圖5-8】營業用錄影帶事業的原因與對策

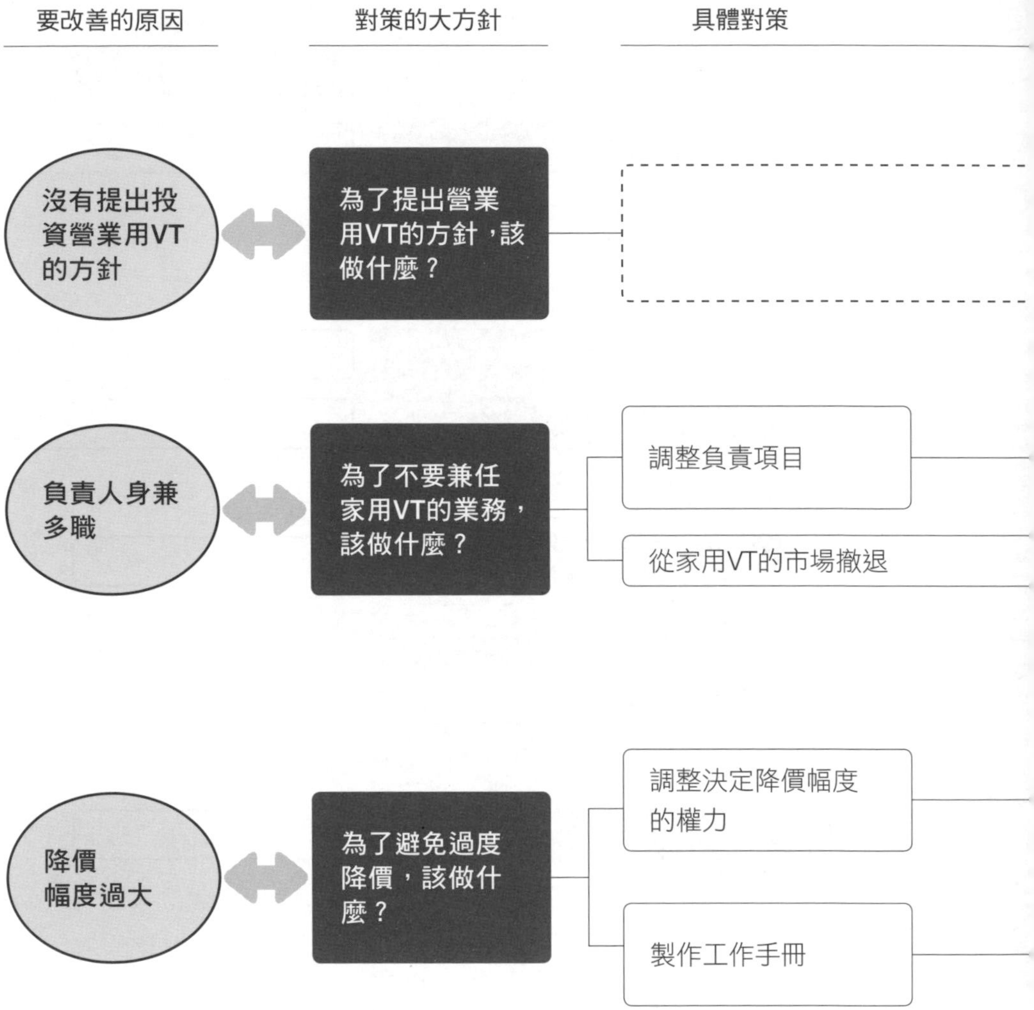

| 要改善的原因 | 對策的大方針 | 具體對策 |

沒有提出投資營業用VT的方針 ⟷ 為了提出營業用VT的方針,該做什麼?

負責人身兼多職 ⟷ 為了不要兼任家用VT的業務,該做什麼?
- 調整負責項目
- 從家用VT的市場撤退

降價幅度過大 ⟷ 為了避免過度降價,該做什麼?
- 調整決定降價幅度的權力
- 製作工作手冊

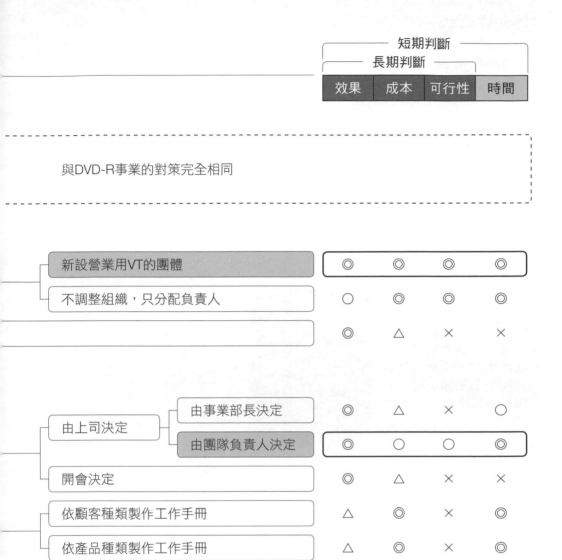

	長期判斷		短期判斷	
	效果	成本	可行性	時間

與DVD-R事業的對策完全相同

	效果	成本	可行性	時間
新設營業用VT的團體	◎	◎	◎	◎
不調整組織，只分配負責人	○	◎	◎	◎
	◎	△	×	×
由事業部長決定	◎	△	×	○
由團隊負責人決定	◎	○	○	◎
開會決定	◎	△	×	×
依顧客種類製作工作手冊	△	◎	×	◎
依產品種類製作工作手冊	△	◎	×	◎

由上司決定

【圖5-9】設定的課題與對策

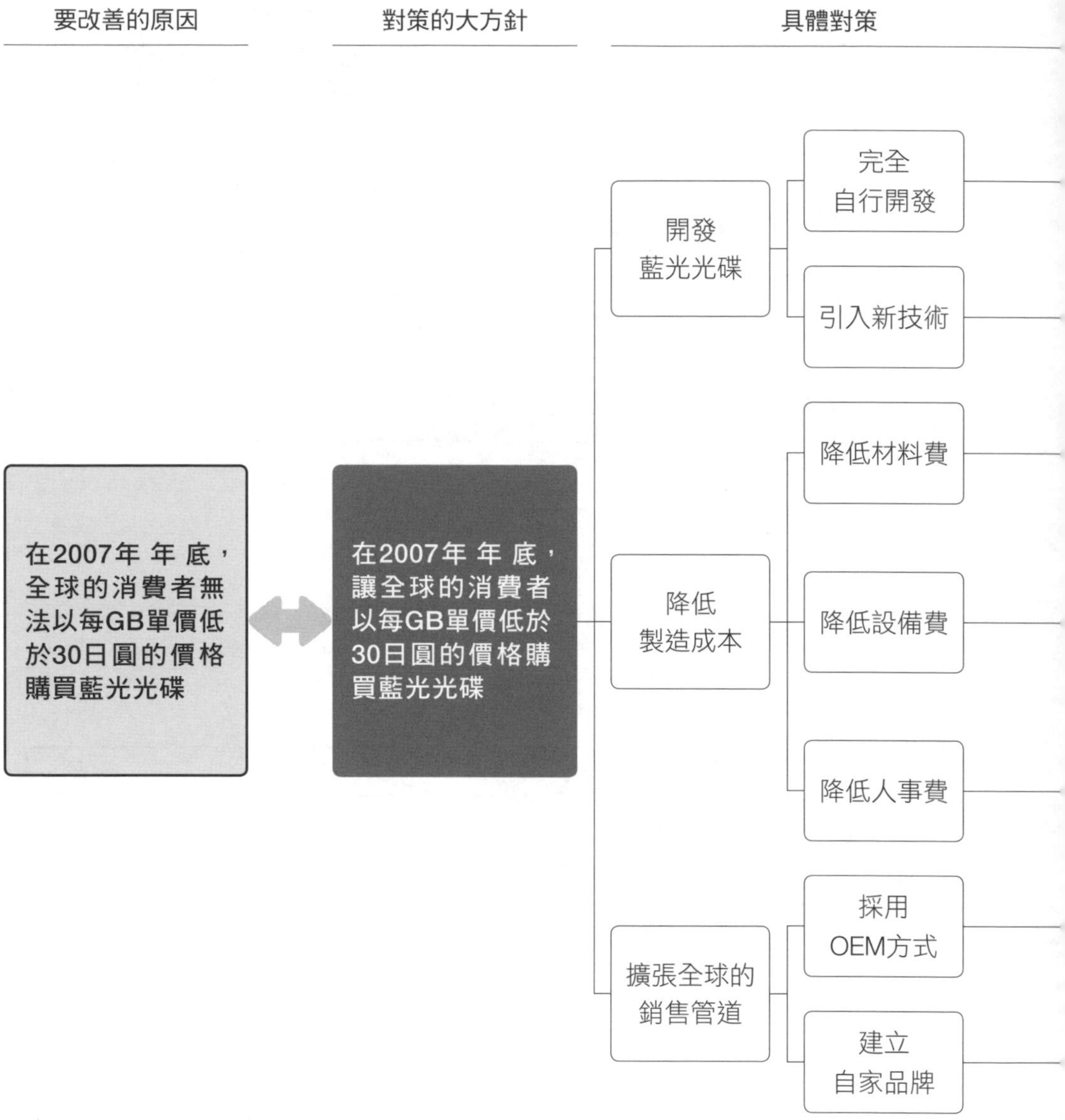

要改善的原因　　　　　　對策的大方針　　　　　　　　具體對策

在2007年年底，全球的消費者無法以每GB單價低於30日圓的價格購買藍光光碟 ⟷ 在2007年年底，讓全球的消費者以每GB單價低於30日圓的價格購買藍光光碟

開發藍光光碟
- 完全自行開發
- 引入新技術

降低製造成本
- 降低材料費
- 降低設備費
- 降低人事費

擴張全球的銷售管道
- 採用OEM方式
- 建立自家品牌

| | 短期判斷 | | | |
| | 長期判斷 | | | |
	效果	成本	可行性	時間
於基礎技術部門開發	△	×	△	△
於事業部開發	△	×	×	×
簽訂交互授權	◎	○	○	○
支付授權金	◎	×	○	○
與DVD使用相同的材料	◎	◎	○	×
利用便宜的材料設計	◎	◎	○	×
與DVD使用相同的設備	◎	◎	○	×
改善設備	△	○	△	×
精簡生產線	◎	◎	◎	△
活用海外工廠	◎	◎	×	×
提升產能	△	○	△	×
委託現有的OEM廠商	◎	◎	◎	◎
尋找新的OEM廠商	△	△	×	×
開拓通路	△	×	×	×
建構直接銷售體制	△	×	△	×

說明組織整體活動的地圖。可用來記錄「克服原因、解決課題的大方針」、「實現大方針的具體方案」與「實現具體方案的支援活動」

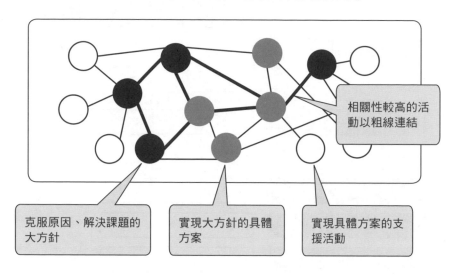

【圖5-11】對策的「活動地圖」

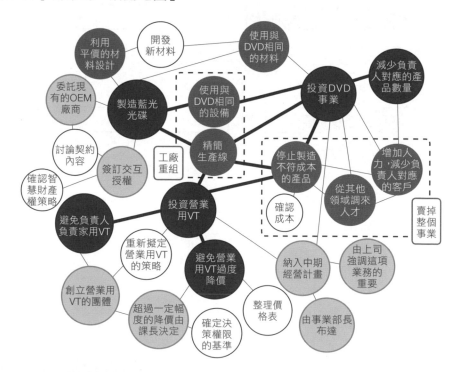

【圖5-12】一網打盡的大對策

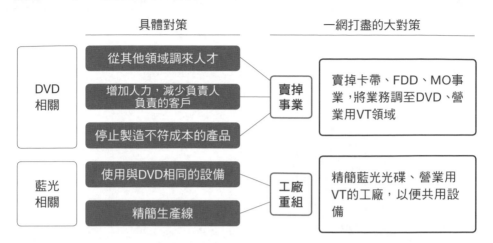

【圖5-13】事業整頓情況

	事業整理 前 的狀況			
	滋賀縣高島工廠	福井縣小濱工廠	中國廣東省珠海工廠	印尼巴淡島工廠
卡帶				◎
錄影帶	★	★		
FDD				◎
MO	◎			
CD			★	◎
DVD	★	★	◎	
藍光光碟				

	事業整理 後 的狀況			
	滋賀縣高島工廠	福井縣小濱工廠	中國廣東省珠海工廠	印尼巴淡島工廠
卡帶				出售
錄影帶	移交	◎		
FDD				出售
MO	出售			
CD			★	◎
DVD	★	移交	◎	★
藍光光碟	新設 ◎			

符號說明：
◎ 主力工廠
★ 生產

擬定對策

- 什麼是優質的對策？
- 評估對策，決定可行方案
- 執行對策之際的注意事項

什麼是優質的對策？

對策分成二種

擬定對策時，希望大家回想起「發生型」與「設定型」這二種方法。解決發生型的問題時，會在 WHERE 階段找出問題所在之處，並在 WHY 階段思考問題發生的原因，並且針對要改善的原因實施對策。姑且將這種「發生型的對策」稱為 HOW1。

反觀解決設定型問題時，會在 WHAT 階段思考「理想狀態」，討論達成理想狀態的方法，讓我們先將這種「設定型對策」稱為 HOW2。請大家先記住，組織之中有這二種對策。如同圖 5-6，前面的故事五也為了克服 DVD-R 事業以及營業用錄影帶的原因而擬定了對策，同時為了進軍藍光光碟市場而擬定了全新的對策，但在釐清二個對策的細節之際，需要注意的重點是一樣的，所以接下來就讓我們依序說明這些重點。

刻意做一些有別以往的事

首先要請大家思考的是，到底什麼是「對策」。如果你被問到這個問題，你會怎麼回答呢？

讓我們從具體的例子思考：

如果你經營一間咖啡廳，每天都為了提供一杯好咖啡給顧客而努力，但最近卻為了欲振乏力的業績煩惱。在幾經思考之後，你決定「更加努力，以便提供更美味的咖啡」。請問，這算是所謂的對策嗎？

大家或許都有類似的情況。被上司問到「所以你打算怎麼辦？」，結果回到「我會洗心革面，更加努力！」或是立場顛倒，換你問上司「該怎麼辦才

好」，結果上司回答「給我更努力」。更努力當然是必要的，但是如果大聲宣告會更努力就有用，這本書就沒有出版的必要了。

「更努力」不算是對策。對策的定義是「刻意做一些有別以往的事」。實情就是若只做一樣的事情，那麼再怎麼努力，恐怕也解決不了問題，而且要是這樣就能解決問題，到目前為止的努力又算是什麼呢？換句話說，在擬定對策時，必須做一些「有別以往的事」，讓現狀的原因構造產生改變。

此外，「刻意」也是擬定對策的重點之一，因為來自 HOW 思考的靈機一動不能算是對策。一如「瞎貓碰上死耗子」，偶然的成功是很難複製的。我們需要的對策並非突如其來的靈感，而是在幾經思考才得出的「有別以往的措施」。

優異對策的三個要件

對策是否優異，必須符合三個要件。請大家參考圖 5-14。

要處理的問題是「雖然營業利益不斷下滑，但以國內消費者為對象的新產品銷路不佳」，而要改善的原因是「業務員的提案技巧不佳，也不了解新商品與眾不同之處，無法得到顧客認同」，此時什麼才是有效的對策？這張圖提供了四個選項。讓我們一起思考，在這樣的情況下，何者才是「最佳對策」呢？

【圖5-14】哪一個是好對策

問題的所在之處 （WHERE）	深掘原因 （WHY）	對策？ （HOW）
雖然營業利益不斷下滑，但以國內消費者為對象的新產品銷路不佳才是「問題」	業務員的提案技巧不佳，也不了解新商品與眾不同之處，無法得到顧客認同的部分是「原因」	（1）生產市場區隔更明顯的產品 （2）舉辦業務員的讀書會 （3）大量挖角超級業務員，並且讓他們徹底了解新產品的市場定位 （4）重新舉辦業務員的讀書會，並在說明新產品的市場定位之際，將型錄發給業務員，讓業務員根據型錄和促銷資料說服顧客

①生產市場區隔更明顯的產品

想必本書的忠實讀者已經知道，這不是改善原因的方法。即使產品的市場區隔再怎麼鮮明，只要提案技巧不佳，就無法得到顧客的認同。這個方法不僅不算是優質對策，連一般的對策都算不上，當然也無法得到想要的結果。

②舉辦業務員的讀書會

如果「提案技巧不佳」是原因，那麼舉辦讀書會或許有機會增進提案技巧。但這裡沒寫到讀書會要做什麼，也沒提到「提升提案技巧與了解市場區隔」這些細節，所以不知道舉辦讀書會的用意何在。

③大量挖角超級業務員，並且讓他們徹底了解新產品的市場定位

這算是方向有點不一樣的對策。如果真的實施這個對策，的確會有部分的業務員具備高超的業務技巧，也了解產品的市場區，但這一切僅限於新進的業務員，至於原有的業務員該怎麼辦？又不能把他們全部開除。

話說回來，這項對策真的可行嗎？倘若能輕易找到提案技巧高超的業務員，那早就找到了吧？比方說，有可能因為薪資結構的問題而無法雇用提案技巧高超的業務員。這種不顧前因後果的對策通常難以實行，真正的對策通常必須實事求是。

④重新舉辦業務員的讀書會，並在說明新產品的市場定位之際，將型錄發給業務員，讓業務員根據型錄說服顧客

這個對策可一眼看出要做哪些事情，比方說，讀書會這類前所未有的嘗試或是製作用於說服顧客的型錄，也有讓業務員更了解產品市場區隔的部分，所以必較有機會達成需要的成果。此外，這個方案似乎沒有實施上的問題，可說是四個對策之中，最優質的對策。硬要挑毛病，可以將「重新舉辦讀書會」的部分換成「恢復過去的讀書會」，這個對策將更為可行。

由此可知，要擬出優質對策，必須具備「能達到需要的成果」、「內容簡單易懂」、「確實可行」這三項要件。接著就為大家進一步介紹這三項要件。

① 能達到需要的成果：掌握成功與失敗的因素

要締造成果，首先得讓 HOW 的部分足以應付截至目前為止的流程，也就是能處理在 WHERE、WHY 階段得出的原因或是在 WHAT 階段找到的「理想狀態」，然後分析成功或失敗的因素，藉此研擬對策。在前面的故事之中，高橋部長也回顧了多媒體事業部在 CD 事業大獲成功的過去，也檢討了在 DVD 事業慢同行一步，並且根據檢討的結果擬定具體的對策。

在分析成功因素時，必須參考其他公司的實例，盡可能地蒐集有助於成功的祕訣。若能事先知道那些成功的公司做對了什麼，你所研擬的對策就更有機會成功，同理可證，也能從前車之鑑得知失敗的因素，避免自家公司與失敗的公司步上同樣的後塵。徹底蒐集其他公司的實例，避免自家公司重蹈覆轍才是上上之策。

除了其他公司之外，也要分析自家公司成功與失敗的歷史，例如自家公司比較不擅長的對策是哪些？哪些對策又是比較擅長的，事先了解自家公司的特長，應該就能研擬出適合的對策。比方說，有些公司「很擅長執行範圍僅限於公司內部的對策」，卻很不擅長執行「與其他公司一起實施的對策」，對這類公司而言，範圍只限公司內部的對策最為理想。

有時新的組織最高負責人上台時，會大聲宣告「我要走自己的路」，一味地否定前任所做的一切，但前任一定有做得不好與做得好的部分，所以新任的最高負責人不該堅持「要走自己的路」，而是要思考這個組織常有的失誤以及較擅長的部分。

② 內容簡單易懂：最理想的狀態就是一網打盡

要在組織實施一些創舉通常會遭遇一些反彈，因為大部分的人對於新事物都有一些排斥。如果之前的做法沒有問題，多數人是希望沿用的，因此為了避免這些反彈聲浪出現，盡可能依照現況擬定對策。

如果能盡量避免改變現行業務，只是追加新的業務內容，就比較不會引起反感，而且就效率來看，這麼做也比從零開始研擬對策來得更好，但這時候要注意的是，必須簡潔地說明不同以往的部分，比方說，誰的業務會有什麼改變，誰又會受到影響，這都是需要事先說明清楚的部分，否則很容易招致「結果還不是跟原本一樣」這類懷疑。

更理想的是，將多個對策併成一個，「一網打盡」所有該改善的部分，這麼做的好處在於比較簡潔，比較能有效率地執行。

前面的故事也有「出售事業」與「工廠重組」這類一網打盡的對策，但是能讓商業模式全面優化的還有 M&A 或系統重構這類對策。

M&A 是能解決業務員、基礎技術、生產設備不足以及其他組織問題的對策。

系統重構是能解決各類業務課題的對策，但在研擬這類一網打盡的對策時，必須根據要改善的原因以及想達成的「理想狀態」，否則就會流於理論。

③ 確實可行：拆除障礙

在研擬確實可行的對策時，必須避開「實際執行時，有可能撞上一大堵牆」的狀況，若是執行對策之際，會連帶引起一些後遺症，也得評估後遺症有多麼嚴重。若能事先評估執行的困難度，就能擬出更實際可行的對策。

此外，也必須讓這些新嘗試得以持續。若只是頭痛醫頭，腳痛醫腳，一旦這些新嘗試停止實施，老問題又會死灰復燃。雖然短期能夠得到改善，但就長期來看，同樣的問題還是會再次發生，所以能自然而然地延續的對策才最理想。

希望大家研擬的對策都能符合「達到需要的成果」、「內容簡單易懂」、「確實可行」這三項要件。

評估對策，決定可行方案

整理手邊的棋子

了解優異的對策需要符合哪三個要件之後，接著介紹能迅速有效地擬出對策的方法。

第一步，先整理當下有的靈感以及其他公司的實例，以備不時之需，因為在研擬對策時，通常需要很多靈感，而靈感不會憑空出現，所以要先整理這些資料，再從這些資料找出靈感。

對策應該多多益善，尤其在找到問題的原因之後，能改善該原因的方案通常不只一個。

如果執行一個對策就能有效改善原因，那當然是再好不過，但有時會沒辦法順利執行這些對策，有時這些對策的效果也不如預期，這時候就必須有二個或三個能立刻執行的備案。再者，若能準備多個方案，就能根據「成本」或是「效果」比較這些方案，得到周遭同事或夥伴的認同。

因此要在此介紹整理這些資料的樹狀圖。請大家先看看圖 5-15。這是將相似的對策整理成同一個群組的樹狀圖。整理成樹狀圖之後，靈感比較容易浮現。建議大家從邊緣的空格填入想到的靈感，並將相似的靈感整理成一組，完成對策的樹狀圖。

從多個觀點評估對策

將對策整理成樹狀圖之後，便可評估這些對策與選出最理想的對策。用於評估對策的觀點有很多，也沒有適用於各種情況的觀點，不過通常會根據「效果」、「成本」與「時間」這類觀點評估方案（圖 5-16）。

雖然還有「可行性」、「是否符合公司方針」這類觀點，但不同的公司會有不同的評估項目，各評估項目的權重也不盡相同。由於這部分很值得討論，所以就為大家舉出一些實例介紹。

還記得在 JR 東海舉辦研修課程時，學員提出了「安全性」這個評估項目。在仔細了解之後我才發現，鐵路是一種基礎建設，所以鐵路業者的所有行動，都以「安全性」為標準，絕不進行無法確定安全的行動是他們的價值觀，因此不管是什麼對策，都必須先符合「安全」這個標準，後續才討論所謂的「效

【圖5-15】對策樹狀圖

靈感紛亂的狀態

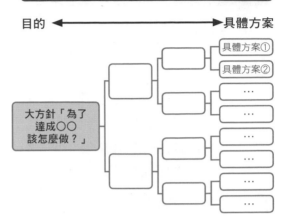

整理成樹狀圖的狀態

目的 ← → 具體方案

具體方案①
具體方案②
…
…

大方針「為了達成〇〇該怎麼做？」

…
…
…
…

靈感雖多，卻很難延伸，
也很難比較優劣

整理成群組，便能找出各種具體方案，
也能進行比較

【圖5-16】評估對策

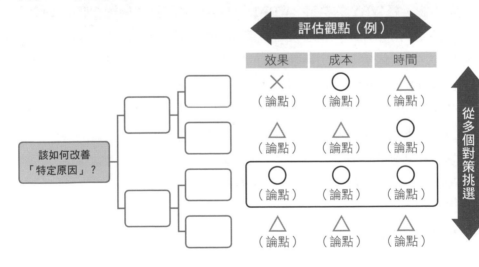

該如何改善「特定原因」？

評估觀點（例）

效果	成本	時間
✕（論點）	○（論點）	△（論點）
△（論點）	△（論點）	○（論點）
○（論點）	○（論點）	○（論點）
△（論點）	△（論點）	△（論點）

從多個對策挑選

果」或「成本」，他們也是以這種評估觀點擬定對策。

此外，TOYOTA 汽車的開發部門也非常重視「重量」這個項目，據說這是因為「重量」會對其他的開發部門或是全車設計部門造成明顯的影響。

由此可知，評估項目需依照公司的文化或職務內容調整，建議大家在評估對策時，除了根據「效果」、「成本」與「時間」這類觀點，還要視情況加入其他的觀點。

確定要評估哪些項目後，接著要針對這些項目蒐集「效果有多顯著」、「成本有多高」的資訊，再根據這項資訊進行評估。評估時，盡可能以量化的方式整理出數據，但如果很難量化，可試著以「大」、「中」、「小」這類較抽象的尺度評估，但此時你必須能夠說明這些評估被歸類為「大」、「中」「小」的原因。

確認整合性

從多個對策之中挑出該優先執行的對策之後，要確認這項對策「是否與其他對策矛盾」、「是否確實可行」。這時候可先畫出在前述故事之中登場的圖 5-10 的活動地圖會比較方便確認。

比方說，將 WHY 的對策、WHAT 的對策以及與這些對策相關的支援活動填入圈圈裡，再以線條串起彼此相關的活動，相關性較強的活動則可利用粗線連接，會比較容易看出活動之間的關係性。如此一來，就能看出活動之間是否具有互補的關係，還是彼此矛盾。

若在繪製活動地圖之際發生活動彼此矛盾，代表之前研擬的對策可能有些後遺症，如果發現有些活動具有互補的關係，那麼在執行對策的時候，可試著讓這些活動的負責人互相合作，讓對策更能發揮效果。像這樣繪製活動地圖，就能更確實地執行對策，更有效地解決問題。

考慮對整體的影響

繪製活動地圖可看出活動之間的相關性，也能知道在執行對策的時候，會對公司的哪個部門產生影響。若能充分說明這些影響，就能順理成章地請相關人士幫忙。執行對策可有效改善於 WHERE 找到的問通，也能讓組織朝著在 WHAT 階段制定的「理想狀態」前進，為組織帶來良性影響。

唯一要注意的是，那就是手上的業務或隸屬部門的業務有所更動時，有可能會對公司的各個部門造成影響。比方說，業務部門為了簡化接到訂單的流程而變更了訂單格式，IT 部門就必須修改業務系統，會計部分也必須逐項確認簡化之後的訂單，必須多做一些原本不需要做的工作，如此一來，就不能只於自己的部門解決問題。或許這麼做可讓部門的情況得到改善，但就整體來看，公司的情況可能毫無改善或是變得更糟。就算自己的部門能降低成本，但其他部門的成本若是因此增加，那麼就一點意義也沒有。為了避免這樣的情況發生，必須以超過自身業務範圍的視野，冷靜判斷這些對策對公司的影響是好是壞。

執行對策之際的注意事項

別掉回 HOW 思考的陷阱！

在此再次確認檢討對策時的重點。

務必針對要改善的原因，研擬相關的對策，也要研擬邁向「理想狀態」的對策。令人意外的是，許多人明明在 WHERE、WHY 與 WHAT 進行了許多討論，最後卻掉回 HOW 思考，導致之前的討論全部化為泡影。臨時想到的對策是無法說服任何人的。

希望大家別在最後關頭才掉入 HOW 思考的陷阱，而為了避免這件事，請在繪製對策的樹狀圖時，確認大方針與具體對策是否吻合。

思考資源配置的問題

準備執行對策時，必須規畫資源的配置。我常在舉辦研修課程的時候被問到「該實施多少個對策才夠？」「該針對多少個根本的原因執行對策？」這類問題。

如果能大量執行對策，那當然是再好不過，而且能針對根本的原因執行對策，也能從根本解決問題，但此時你的層級必須夠高，否則根本沒辦法改善那些根本的原因。如果資金、人才、技術、時間或是其他的資源不足，卻還好大喜功，一次執行多項對策，恐怕只會讓資源過度分散，什麼對策都無法順利執行。

實施對策意味著消耗組織的資源，所以有可能會發生資源耗盡，對策無法執行到最後的情況。這不但無法解決問題，還會白白消耗資源，得出「結果還是行不通嗎？」的結論，組織的活力與自信也會因此下滑。如果對策沒辦法執行到最後，那麼不執行反而比較正確。為了避免這樣的情況發生，一定要謹慎規畫可用的資源。

別用「調整組織架構」或「情報蒐集」當成藉口

接著為大家介紹常在研修課程看到的負面案例。

曾有人在研修課程的時候提出「建立特別專案小組」或「進行外部環境調查」的對策。但這些對策真的有用嗎？

這種「建立新組織」的對策通常只是將問題丟給新組織而已，最終只會演變成互踢皮球的局面。如果特別專案小組真能執行你研擬的對策那也就罷了，若是在沒有任何具體對策的情況下創建新組織，那你根本只是把研擬對策的任務推給新組織而已。難不成是因為沒有這個新組織才會發生問題嗎？肯定不是這樣吧。如果只是把人聚在一起就能解決問題，那這世界上大部分的問題都能輕鬆解決。

蒐集情報也是類似的對策。蒐集情報應該在事前準備的階段進行，最後才蒐集資訊是無法解決任何問題的。若不善用蒐集到的情報採取一些行動，絕對無法解決問題。

雖然對策是「刻意做一些有別以往的事」，但是也需要思考「該做什麼事」，若不改變個人或團體的行動，只是調整組織架構或是蒐集大量資訊，絕對無法達到目標，希望大家都記住這一點。

讓對策落實為制度

要想留住對策的成果，就必須讓對策落實為日常業務，如此一來，誰都能執行相同的對策，創造相同的成果。如果無法讓對策落實為日常業務，就會發生同樣的問題，每一次也都得由「懂得解決的人來解決」，但這一點都不符合效率。因此最後要讓對策落實為制度。

如果眼前有顧客，在銀行窗口等太久的問題。

後來發現顧客在「投資信託的諮詢窗口」等特別久（WHERE）的原因在於「理專負責的金融商品太多，沒辦法徹底研究這些金融商品」（WHY），所以為了讓理專了解這些商品，總公司打算請來專業員工，召開相關的讀書會。這項對策的成果能否一直延續下去？想必大家早就知道答案是「No」！

要讓現在的員工以及之後接手的員工都徹底了解這些金融商品，就必須請總公司的員工將重點整理成講義，再將講義的內容拍成影片，才能在實施對策之後留住成果。

骨牌要在最後關頭再推倒

在 HOW 的最後要試著思考執行對策之後，會得到什麼結果。

如果執行的是發生型對策，於 WHY 階段找出的原因應該會得到改善，

原因之後的原因應該也會得到改善。這很像是推骨牌，在 WHY 階段找出的因果關係會從「造成問題的原因」逐一轉換成「好的因素」。此時務必確認最上面那張代表原因的骨牌是否被推倒，或是確認哪裡有沒被推倒的骨牌。如果有，就要針對造成該原因的原因執行對策。

　　圖 5-17 記載了「營業利益下滑，但目標為國內市場的新商品銷路不佳」的問題，也記載了探討原因與研擬對策的流程。執行這個對策，是否能改善原因以及解決問題呢？

　　在執行對策之後，若能站在定點觀察骨牌被推倒的情況，就能知道該對策能解決哪些問題，說不定沒辦法一次改善位於最上層的原因，也無法解決特定的問題，但只要能了解骨牌倒到哪個部分，就知道之後該如何因應。執行設定型對策的情況也是一樣。執行對策之後，應該就能一步步接近在 WHAT 制定的「理想狀態」。

　　若缺乏這種一步步解決問題的心態就急著執行對策，不僅沒辦法解決問題，還得重頭分析原因，這實在太沒效率，尤其每個對策都是好不容易才想出來的，所以當然要徹底執行這些對策，骨牌也要等到最後關頭再推倒。

【圖5-17】 確認相關性

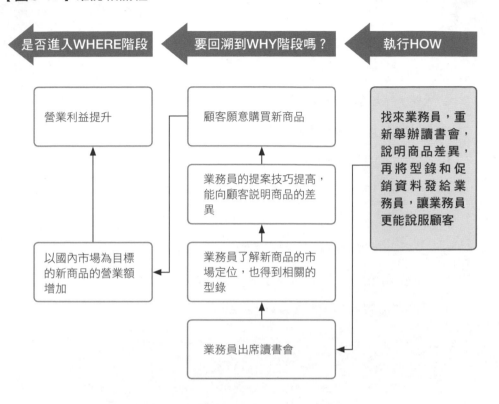

執行HOW之後，在WHY找到的原因與結果的關係將一
個個消失，問題也將一步步解決。在最後關頭確認相
關性是非常重要的事情。

第五章重點整理

1　「努力」不能算是對策

2　根據成功與失敗的因素擬定能創造成果的對策

3　最理想的狀況是一網打盡。擬定能簡單執行，內容又淺顯易懂的對策。

4　對策可以有很多個。先將手邊的資訊整理成一定的格式，再從中擬定多項對策。

5　從多個角度評估對策，得到相關人士的認同

6　「調整組織架構」或「情報蒐集」都不是對策

7　時時想像執行對策之後會發生什麼事。

第六章

執行對策

故事六 執行對策的人

既然多媒體事業部的方針已經確定，戶崎便隨同大谷部長一起向宮里社長報告目前的進度，也得到社長的首肯，今後專案的部分則由多媒體事業部一手推動。過了三個月，秋末冬初，寒風初襲之際，戶崎前往多媒體事業部，拜訪了許久未見的高橋事業部長。

對策的執行狀況如何？

「之後的進度還順利嗎？」正準備坐在會議室椅子的戶崎如此問道。

「呵呵，營業用錄影帶很順利。」高橋笑答。

「這樣我就安心了，就像是我自己的事情一樣開心啊。看來已經沒有經營企畫部出場的餘地。」

看來事業部指派了一些成員，按部就班地推動短期策略。聽說營業用錄影帶的部分，是將原本的團體拆成「營業用團隊」與「家用團隊」，再分別配置團隊負責人，而且還對營業用團隊的每一位業務員說明營業用錄影帶與家用錄影帶的差異，以及兩者市場的不同，也規定只有團隊負責人可以決定降價的幅度，也根據經營管理部提供的實際成本，建構了以數字判斷是否合乎成本的機制。這些對策似乎都已順利推動。

聽到這裡，戶崎雖然放心不少，卻有件事耿耿於懷。

「雖然只是小事，但我有件事想請教一下。」

「喔，什麼都可以問啊。」高橋情緒高昂地答道。

「營業用錄影帶的營業額真的成長了嗎？」

「當然啊，一直成長，」高橋不假思索地回答。「實施一連串的對策之後，光是與上個月比較，營業額就成長百分之十左右，要是與去年同月比較，也成長了百分之十五。」

「這真是太好了，那麼銷售單價成長了多少？」

「銷售單價？」高橋停了一下之後，回答：「我沒注意那麼瑣碎的部分，所以不大清楚，不過……應該是成長的吧。」

「是這樣嗎？聽說我們競爭對手的工廠出了一些問題，所以有些訂單轉到我們這邊，不知道營業額會不會是因為這樣才成長？」

「我想這影響應該沒那麼大吧……」高橋有點支吾其詞。

「是這樣嗎？平均銷售單價是很重要的指標，最好追蹤一下。雖然現在分成營業用團體與家用團體，但這是在分析原因之際，用來解決『業務技巧不佳』的對策。業務技巧是否真如預期改善了呢？」

「嗯，我也不清楚耶，對策才剛實施，說不定看不出什麼變化……」高橋愈說愈含糊。

「原來如此，剛剛您告訴我，已經有向業務員說明營業用與家用的市場有哪裡不同，但是測試一下他們到底理解多少，或是讓業務員扮演業務員與顧客的角色，或許會比較好喔。」

「說的也是，我也會注意一些小細節。」高橋一邊點頭一邊回答。

看不見的人

接著戶崎又試著問中長期的對策。

「短期對策看來是還算順利，那中長期對策的部分還順利嗎？」

聽到這個問題之後，高橋事業部長的表情瞬間沉了一下。

「中長期的對策推行得不大順利，由事業部一手推動的對策還算沒問題，但是和其他部門一起推動的對策，推動起來有點困難。」

根據高橋的說法，「出售事業」與「工廠重組」這兩項一網打盡的大對策似乎不怎麼順利，比方說，出售事業的部分，沒什麼企業想買現在與未來都沒什麼機會的卡帶、FDD 與 MO 的事業。

「本來以為會有企業想收購，沒想到是太天真了，事前應該調查得更仔細才對。」

更糟的是，其他的競爭對手也同時從卡帶、FDD 的市場撤退。由於還沒告知顧客，今後不再供貨，所以競爭對手停止供應的部分一口氣流向巴淡島工廠，原本想從市場撤退，現在卻變得產能全開，工廠那邊還因此充滿鬥志。不了解狀況的現場員工甚至高喊「增設產線」。

「完全錯過最佳的時機了，明明這些產品在不久的將來就會消失，現在怎麼可能增設什麼產線。就連現在的訂單也不過是曇花一現罷了，未來幾年，

訂單一定會愈來愈少。還是得先告知顧客，今後不再供貨，再同時出售事業以及從市場撤退。」高橋的表情浮現一絲的後悔。

另一方面，工廠重組也遇到問題。多媒體事業部的營業企畫雖然持續與卡帶部門交涉出售事宜，但這件事已在事業部傳開，連小濱工廠都得到消息。

小濱工廠內部流傳著「小濱工廠被拿走 DVD 之後，只剩下生產錄影帶的業務，高島工廠卻能生產藍光光碟。錄影帶總有一天會被 DVD 取代，所以小濱工廠總有一天會被迫關廠」這類謠言。

此外還出現了「高島工廠之所以能生產光碟，是因為高島比小濱高級，我們小濱一直都被人瞧不起」這類有點不滿的發言，甚至有人臆測「小濱被人看不起，所以準備減薪」，也有人悲觀的認為「要是這些事情都是真的，那麼再怎麼認真工作也沒有未來」，現場的士氣可說是降到冰點。

「小濱那些人似乎找了一堆原因，在私底下反對，產線也完全無法移交。雖然我覺得硬要移交也是可以啦。」高橋一臉為難地喃喃自語。

「這麼說來，設立珠海工廠的是小濱工廠那些人對吧，明明移交產線是件很簡單的事，其中必有原因。話說回來，有好好說明出售事業與工廠重組的計畫嗎？」

「這件事我交給安達負責，我想他應該有好好說明，我還是先確認一下。」說完，高橋便把安達長叫來會議室。

如何持續觀察動向？

安達進到會議室，坐到位子上之後，高橋便立刻要求他說明小濱的狀況。

「我跟小濱工廠那邊說了要從高島工廠接管錄影帶業務，而且要將 DVD 移交給巴淡島工廠」

「除此之外，沒有進一步說明了嗎？」戶崎問：「比方說，多媒體事業部今後要以營業用錄影帶以及 DVD-R 為主要收益，未來還要拓展藍光光碟市場，或是營業用錄影帶的定價太低，太不符合成本，所以將業務部的團隊分成家用與營業用兩邊，並且將資源投資營業用這邊⋯⋯」

「我沒說得這麼清楚，解釋得這麼清楚比較好嗎？」

聽到安達這麼回答，高橋怒說：「這不是廢話，怪不得小濱工廠那邊有這麼多誤會。」戶崎接著說：

「這或許就是所謂的 HOW 指示吧。如果能好好解釋這次的改革目標，或是改革的背景、目的與終點，或許就不會產生會誤了。順帶一提，說明的時候，有沒有拿著資料說明呢？」

「沒有耶，只是口頭解釋了一下。」安達回答。

戶崎問：「這也是造成誤會的原因吧。要是這麼重要的事情產生誤會那就糟了，所以除了說明改革的終點之外，還要『具體』說明改革的期限和全貌。」

「正如您所說的，我太粗心大意了。小濱工廠的例會會在星期五召開，屆時我會重新說明一次。」安達回答。

戶崎接著又問：「星期五的例會名稱是什麼？」

「這個會議的名稱為『移管責任者會議』，是為了準備接管產線的工廠各部門負責人新設的會議，每週五都會召開一次。」安達回答。

「原來如此……總共有幾名負責人參加呢？」戶崎問。

「全部有十四位，但大家似乎很忙，所以每次出席的人最多六、七位吧。」安達回答。

聽到這裡，高橋急著探出身子高聲問：「喂，只有一半的人參加還開什麼會啊，怪不得該辦的事都辦不好。」

不過，安達倒是面不改色地回答：

「是這樣沒錯啦，但第一線的大家真的很忙，所以我覺得硬要他們出席好像不大好……」

這時候，戶崎出聲打圓場：

「的確，小濱工廠每星期一的上午，工廠各部門負責人都會一起開『生產調整會議』，如果在這個會議說明工廠業務移交的事情，你覺得怎麼樣？雖然沒有太多時間討論，但至少大家都會出席。」

「戶崎說得沒錯，就在生產調整會議討論工廠業務移交的事吧，我這邊也會先拜託工廠長幫忙。下次開始就這麼做吧。要是太多人缺席，本來能決定的事也解決不了，相關事宜也無法布達，一切只會原地踏步。」

「遵命，星期五去工廠的時候，我也會向大家說明這件事。」安達一邊把這些事寫在筆記本上，一邊回答。

- 迅速確實、貫徹到底的執行方式
- 任務可視化、具體化
- 監控對策的執行過程

迅速確實、貫徹到底的執行方式

迅速靈活地執行對策

好不容易經過縝密的討論，找出需要的對策，卻將這些對策束之高閣，充其量只是畫餅充飢而已。在之前提過的PDCA（計畫－執行－評估－行動）之中，P（計畫）當然非常重要，但DCA（執行－評估－行動）的部分也很重要。在此讓我們一起了解D（執行）的重點，以便徹底執行對策。

第一步要先介紹「迅速」這個部分。做生意的時候，最感到無力的部分就是每天改變的環境，以及每天都有新事象的這件事。在HOW階段之前討論的事實都已經成為過去。執行對策的前置時間愈長，環境的變化就愈大，對策的效果不如預期的風險也愈高，所以關鍵在於盡可能迅速執行擬定的對策。

如果出現了新事象或意料之外的事，事先研擬的對策有可能無法執行，但此時該做的不是「狀況有變，所以對策已經行不通」，而是該換個角度思考，一邊修正對策，一邊執行對策。

除了能短時間執行完畢的對策，大部分的對策都會遇到環境改變這個問題，而要讓對策奏效，「迅速」與「靈活」就顯得非常重要。

善用現有的體制

執行於HOW階段研擬的對策之際，必須擬出更細膩的待辦事項事項。此時建議大家「善用現有的體制」（圖6-1）。

在前面的故事裡，安達課長為了執行對策，另外設立了由小濱工廠各部門負責人參與討論的「移管責任者會議」，但大家還沒養成習慣參加這個新設的會議，各部門負責人也有很多事要忙，所以每次開會總是有人缺席，導致

該決定的事情遲遲無法決定。

因此戶崎提出「在既有的會議討論」這個建議。與其另外開會，不如直接在各部門負責人都習慣出席的「生產調整會議」討論，還比較容易執行對策。

其實企業有許多未受重視的資源，例如現行的制度或是之前調查、分析的資訊。若能善用這些資源執行對策，絕對能更迅速地執行對策。

這麼做的附加價值還有整個組織能更熟悉與習慣要執行的對策，因為在組織執行對策時，搭配現有的制度或資源絕對比較容易得到認同。在討論對策的方向與待辦事項的過程之中，務必想想有什麼現有的資源還沒派上用場。

事先達成共識

列出具體的待辦事項之後，就是決定負責人，以及按部就班地執行，但在執行之前，要私底下取得相關人士的贊同。

在企業內部執行解決問題的對策時，往往會影響許多部門，除了會影響自己隸屬的部門之外，當然也會影響前後工程的部門或上級組織。一旦開始推動對策，必須盡可能避免「我沒答應過這種事」的反對聲浪，或是「不執行對策比較好吧？」的這類雜音出現。你應該也有過想執行某些對策，卻被相關部門反對的經驗吧？前面也提過，事先想好執行對策的優缺點是非常重要的一環，但是先跟各部門的負責人提一下執行對策的影響，確認各部門負責人對此有沒有疑問也非常重要。

【圖6-1】善用既有事物

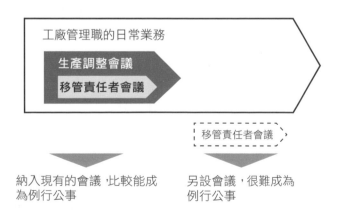

在前面的故事裡，安達課長沒把情況說清楚，導致小濱工廠的人不願配合，也無法如預期地執行對策，而且巴淡島工廠也沒有收到應有的資訊，一時間的增產讓整間工廠的人惶惶不安，繼而無法繼續推動後續的對策。

除了由上到下的領導風格十分強烈的公司之外，幾乎不曾看過「因為方針已經確定」或是「因為是高層下達的指令」就能順利執行對策的公司，因此先向相關人士解釋清楚，與這些人達成共識之後再執行對策就顯得十分重要。

分享現況

與相關人士達成共識後，與團隊的每個人分享現況也非常重要。若是整個團隊一起執行對策，通常會定期召開確認進度的會議。透過每次的會議確認狀況固然重要，但要是事態生變，就不一定非得等到開會再告知團隊成員發生了什麼事，例如可以臨時召開會議或是直接站著告知現況，總之建議大家隨時分享現況。此外，在執行對策的過程中遇到問題時，必須大家齊心協力，一起研擬對策與解決問題，這也是靈活地執行對策的祕訣。

要請大家注意的是千萬別閉門造車，因為這樣很容易有所偏頗，對團隊與公司都沒有幫助，也是非常沒有效率的方法。

請務必注意分享現況這個環節，才能立刻察覺對策有沒有順利推動。

不斷解決小問題

試著執行對策之後，應該會遇到許多窒礙難行的部分，不大可能一帆風順，此時建議大家不斷地解決小問題。解決小問題可分成二種模式（圖 6-2）。第一種模式是部屬或團隊成員負責解決上司或組織的問題的 WHERE、WHY、HOW，另一種模式是部屬無法順利推動 HOW 的 WHERE、WHY 與HOW。

讓我們試著以前面的故事說明第一種模式。多媒體事業部針對整個組織的問題所想出的對策是「讓 DVD 與藍光光碟使用相同的材料」。從組織的角度來看，這就是所謂的 HOW，但從負責材料的負責人來看，這是有待解決的新問題，這位負責人很可能會面臨「哪個部分的材料沒有共用是問題嗎？問題的原因是什麼？又該怎麼解決呢？」這樣的問題。

如果討論這個問題的解決方案之後，發現沒有使用相同的樹脂材料是問題，問題的原因是變更設計這件事未得到顧客首肯。此時的對策就是請業務員與顧客溝通，取得顧客的認同。換言之，「顧客沒有答應變更設計」是新的問題，所以得繼續討論「哪位顧客、哪種產品、哪位業務員導致變更設計這件事無法得到認同，原因又是什麼？又該怎麼解決」，之後再繼續解決後續衍生的第三個、第四個小問題。

解決大問題的時候，常會遇到得先解決小問題的局面，但即使問題不大，也要以相同的心態按部就班解決。

預估執行對策的時間點

剛剛提過，對策一擬定就要趕快執行，但有時候「在適當的時間點執行」也很重要。

例如，在業務繁忙之際執行各種對策，很可能會對現有的業務造成不良影響，招致不可預期的失敗，也很可能成效不彰，此時應該先探聽一下與這些對策有關的部門是否很忙，再於你以及你的團體都能徹底執行對策的時間點執行對策。

另外建議大家思考「資金容易調度的時間點」以及「可承受失敗風險的時間點」。在最佳時機執行對策，不僅能更順利執行，成效也更加顯著，尤其執行大對策的時間點不是那麼容易掌握，所以等待時機成熟再執行也很重

【圖6-2】重覆解決小問題

要。比起急就章而失敗，更建議大家冷靜地等待最佳時機。

遵守組織的不成文規定

解決問題的時候也必須考慮「組織的不成文規定」，這種沒寫成白字黑字的規定可說是組織長久以來的慣性。

若以前面的故事為例，小濱工廠那邊的人聽到藍光光碟要在高島工廠生產這件事，便覺得「能生產最新產品代表高島工廠比較高級」，同時也覺得「自己的工作被瞧不起」。

公司內部應該沒有「製造最新產品的工廠比較高級」或「其他工廠比較沒用」這種規範，但或許是公司內部的考績制度或是過去的種種事情，才讓小濱工廠那邊的人覺得「生產最新產品的工廠比較高級」，而這就是所謂的不成文規定。

不成文規定不一定不好，公司的方向與這些不成文的規定若是背離，有時會發生一些麻煩。倘若在前面的故事裡，接手藍光光碟的是小濱工廠，公司的決策與不成文的規定互相吻合，事情也應該會比較順利，不過小濱工廠沒能接手最新產品的生產，所以小濱工廠的人才覺得「自己的工作被瞧不起」，也才會出現「再怎麼認真工作也於事無補」的排斥心理。

執行對策時，必須檢視對策的內容是否與這些不成文規定背道而馳，如果互相背離，就有必要研擬因應的方案。

貫徹到底的決心

要迅速確實地執行對策，當然需要遇到什麼問題都貫徹到底的決心。

我們公司除了 TOYOTA 汽車這位客戶之外，也替不同的企業檢視目前的業務執行方式，其中最為重要的莫過於「貫徹到底的決心」。執行對策的時候，通常會遇到各種關卡，如果遇到關卡就告訴自己「果然還是行不通」，那麼前面的努力就都白費了，也無法解決任何問題。

請以勝過一切的意志力執行對策，請時時刻刻把解決問題的目的放在心中，記得一切的努力都與其他的部門、企業、顧客有關，並且提醒自己不到最後，絕不輕言放棄。

任務可視化、具體化

執行計畫可視化／具體化

大家是否聽過「可視化」這個說法？顧名思義，就是讓事物以清晰可見的方式呈現，也可說成「具體化」。

當「想法」變得可視／具體化，整個團體就能對原本不透明、難以分享的事情達成共識。除了想法變得容易分享之外，也很方便事後反省與回顧，還能檢討下一步該怎麼做，所以「可視化／具體化」對組織的活動來說非常重要。

前面的故事提到，小濱工廠未能以可視化的方式，具體了解移交業務的目的以及計畫的全貌，所以無法如預期推動計畫。為了避免陷入 HOW 思考、HOW 指示的陷阱，必須讓準備執行的計畫「可視化／具體化」，藉此說明計畫的目的、全貌，以及要如何按部就班執行計畫。

研擬執行計畫之際，應該以任務 1、任務 2、任務 3 這類順序訂出執行計畫的步驟。

執行計畫通常的記載推動對策所需的「任務」，以及任務的「期限」還有由誰執行任務的「責任分配」。常用來整理上述內容的表格稱為「甘特圖」或「執行計畫表」（圖 6-3）。

【圖6-3】執行計畫表

大方針	對策	任務	12月	1月	2月	3月	4月	負責人
方針1	對策1 ○○	任務1-1	███					A
		任務1-2	█					B
		任務1-3	███					A
		任務1-4		██████				B
		…			████			A
	對策2	任務2-1	██					C
		…		██████				C
方針2	對策3		████					D
	…				███			D

接下來讓我們一起了解研擬執行計畫之際的注意事項。

釐清目標與條件

第一個注意事項是釐清對策推動之後的目標狀態，也就是確認「目標是到何時為止，要成為何種狀態」或是「要達成這個目標，需要投入哪些資源」。

若是團隊一起解決問題，通常從執行對策的階段開始就會有許多人參與。研擬計畫的階段或許不用太多人，但進入執行階段之後，要做的事情變多，所以人數也會增加，但這些未曾參與計畫研擬階段的人，往往不知道為什麼要執行這個對策，所以必須確定這些人是否了解問題，與他們分享執行這項對策的原因，才能有效率地推動對策，徹底解決問題。

在此為大家介紹 5W2H 這個釐清目標的概念。

所謂 5W2H 就是 WHY、WHAT、WHEN、WHO、WHERE、HOW、HOW MUCH（圖 6-4），意即確認「為什麼要推動這項對策（目的）？」「對策的內容是？」「什麼時候要推動？」「由誰來推動？／向誰報告？」「要在哪裡推動？」「該怎麼推動？」「要花多少錢？」上述這些事項。

要請大家注意的是，上述的 5W2H 與解決問題的 WHERE、WHY、HOW、WHAT 的意思不同。確認上述的 5W2H，可鉅細靡遺地與成員分享推動對策的目的、資源的多寡以及推動對策的期限。

【圖6-4】釐清目的的框架

拆解任務

　　目標明確後，接著是拆解任務。拆解任務是什麼意思？讓我們透過簡單的案例介紹。

　　請大家先看看圖 6-5 的內容。如果我們打算「煮咖哩」，大致上可將烹調過程拆解成「購買所有食材」、「事前準備」、「炒蔬菜與肉」、「加水熬煮」、「放入咖哩塊」這些步驟。如果眼前有一個大任務，將這個任務拆解成不同的步驟，就能更了解具體要做哪些事情。「購買所有食材」這個步驟還能拆解成「先確認家裡有哪些食材」、「去超市」、「購買不足的食材」、「拿回家」這些更細微的步驟。拆解得愈多次，計畫就愈細膩。

　　若問要拆解得多細膩？端看團隊成員的本領。比方說，你是團隊的負責人，由你負責拆解任務以及指派各任務的負責人。此時可將還沒拆解的任務指派給比較有本領的成員，因為他知道該怎麼執行任務，至於新進員工就得指派已拆解的任務，如此一來，就能擬出更具可行性的計畫。

思考任務的開始與結束

　　像這樣拆解任務時，大部分的人應該都會拆成一個個步驟，但此時有什麼該注意的事項？答案是確定各任務「在什麼條件下開始」以及「在什麼完

【圖6-5】拆解任務

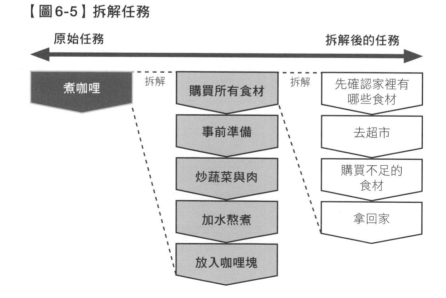

成之後結束」。

以「事前準備」這個任務為例，沒有購買完整食材就無法開始，所以要執行這個任務就必須「購買所有食材」。那麼，「事前準備」這項任務又在何時結束？答案是所有的食材都準備了足夠的分量，而且切成適當的大小，該事先調味的食材也都先調過味，才算是「結束的狀態」。

在上述的條件都滿足之後，便可進入下一個步驟，也就是「炒蔬菜與肉」。若是一個人執行這些任務，其實不大需要在意開始與結束的條件，但如果是團體分工合作的模式，釐清任務開始與結束的條件就顯得十分重要。各任務的負責人知道接手的狀態，也知道該在什麼狀態下交棒給別人，各負責人之間的認知就不會有出入，也能順利推動對策。

思考該做到什麼程度交棒給別人是非常重要的事。

拆解任務，寫出開始條件之後，有時便可發現一些可以併行的任務，此時便能縮短推動對策的時間，所以大家不妨試著尋住可以併行的任務，再將這些任務寫進執行計畫表吧。

設定里程碑

接著為大家說明里程碑這個概念，這個概念可幫助我們靈活地運用執行計畫表。

里程碑顧名思義，就是放在每一「里」旁邊的石頭，也就是中途的檢查點。在執行對策的過程中進行期中報告，回顧對策是否順利推動，就是所謂的「里程碑」概念。在每個階段配置里程碑，視情況與團體成員分享進度，再針對執行對策所遇到的問題研擬解決方案，可強化團隊成員的向心力，還能一步步完成每個任務。如果在適當的時間點配置里程碑，那麼就算期限快要截止也不大會慌張。

接著以簡單的案例說明這個概念吧。請大家先看看圖 6-6 的部分。如果你得為兩週之後的會議製作會議資料，而你在三天後的這個時間點設置了里程碑。如此 束，就能在三天後，確認進度是否有跟上，也能從上司或相關人士得到回饋，如果進度沒跟上，還能想辦法挽回進度。

若是沒有設定里程碑，很可能會到了兩週後才發現進度完全沒跟上，此時便為時已晚，無力回天。所以在執行對策時，設定里程碑，提早確認進度

是非常重要的一環。

設定里程碑的方法有二種，一種是「於固定的間隔設定」以及「於任務的區間設定」。

所謂「於固定的間隔設定」是指每兩週或一個月設定一個里程碑的概念，此時也能與專案的成員碰面，一起開會討論，所以能分享執行任務的進度與細節。

「於任務的區間設定」則是在任務結束的時間點設置里程碑的概念，此時可討論任務是否如預期完成。

透過上述的二種概念設定里程碑，可讓專案順利推動。如果專案成員都是年輕人或新手，無法自行執行任務或改善作業流程時，於固定的間隔設定里程碑會是比較理想的做法。定期了解他們執行任務的進度，可早一步察覺問題與研擬對策。反之，若團隊成員多屬老手，在任務的區間設定里程碑的方法會比較有效率，意思就是與其花時間開會，還不如把時間花在執行任務上。建議大家依照團隊成員的特性選擇設定里程碑的方法。

【圖6-6】設定里程碑

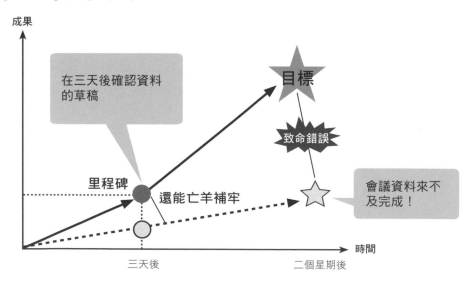

監控對策的執行過程

何謂監控對策的執行狀況

　　分享想法與執行對策之後，就一定能解決問題嗎？那可不一定。就算計畫順利執行，也不見得能得到預期的效果，因為有些對策需要很多時間執行，有些對策的效果則是要在執行完畢之後，等上一段時間才會出現。不一定每項對策都能順利啟動，因為一些意外而受挫，或是不得不從頭來過的情況可說是家常便飯。那麼到底該怎麼做，才能徹底執行對策以及得到應有的結果呢？關鍵就在「監控」。建立以量化的方式觀測對策是否順利執行，如果不順利就立刻修正軌道的體制，就是所謂的「監控」。監控對策的執行狀況可以更快解決小型的問題。

　　在前面的故事裡，高橋事業部長以為營業用錄影帶與 DVD-R 的短期對策正順利地執行，卻不知道是不是真的那麼順利，也不知道競爭對手這類外部因素的影響，倘若如同戶崎所說，問題真的出在「降價幅度太大」，只要執行解決方案，銷售單價應該就會提升才對。

　　如果問題的原因是「業務技巧不足」，照理說只要執行對策，就能提升業務員的業務技巧才對。銷售單價可透過計算得知，而業務技巧則可如戶崎的提案，確認業務員對於這些技巧的理解度，或是透過角色扮演的方式評估，就能監控對策的成效。確認對策是否順利執行，效果是否一如預期，可快速解決小問題，締造應有的成果。

　　進行監控時，可預先設定確認狀況的 KPI，以及判斷狀況是否出現異常的「基準值」以及修正路線的「行動」，也可事先設定「應用方法」，確認是否有效率地進行監控（圖 6-7）。

　　接著為大家依序說明上述這幾項預先設定的部分。

何謂 KPI 與 KPI

　　要想確認對策是否順利推動，以「量化」的方式評估執行狀況是非常重要的，若無法以量化的方式後，每個人的認知就會不同，也無法迅速做出判斷。比方說，在評估某間門市的來客數時，看到「這個月的來客數比去年同時期稍微改善」這種狀況，有些人會覺得「這個月的來客數還不錯」，但有些

人可能會覺得「再這樣下去不行」。

　　這樣當然無法對現況達成共識，所以才有必要釐清所謂的「稍微」到底是多少，例如以「這個月的來客數比去年同時期上升了 5%」這種數字說明，就能在增加了多少來客數這點達成共識。不過，就算看到 5% 這種數字，也不見得每個人的想法都一樣，有些人覺得「很不錯」有些人則會覺得「再這樣下去不行」。

　　所以針對「來客數」這個指標設定「比去年增加 10%」這類基準值，做為判斷的基準，所有人才能立刻根據這個基準判斷現況「是否不佳」、「接下來該實施哪些對策」。用於掌握現況的指標稱為 KPI（關鍵績效指標），設定的臨界值則稱為「KPI 基準值」，不管要推行何種對策，一定要事先設定 KPI。

　　KPI 的數值可告訴我們「對策是否順利推動」，也能幫助我們判斷「最終是否能解決問題」。請大家參考圖 6-8。這是 KPI 與解決問題的目的、目標的關係圖。KPI 分成與「對策實施狀況」與「結果」有關的這二種指標。

　　與「對策」有關的 KPI 稱為「活動 KPI」，這是觀察於 HOW 階段研擬的對策是否「順利執行」的指標，而觀察對策效果的指標則稱為「效果 KPI」，此外，觀察對策執行結果的是「結果 KPI」，觀察最終是否解決問題的則稱為 KGI（關鍵目標指標）。

　　如果對策順利執行，應該會符合「活動 KPI」的基準值，倘若該活動的效果一如預期，「效果 KPI」的數值就會符合設定，KGI（關鍵目標指標）也會上升。此外，不需要在意哪種指標是哪種 KPI，只要知道與活動有關的 KPI 以

【圖6-7】監控的評估項目與方法

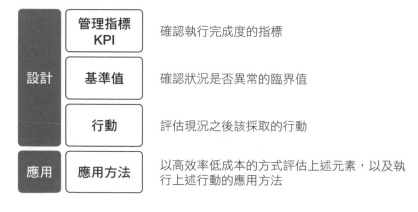

設計	管理指標 KPI	確認執行完成度的指標
	基準值	確認狀況是否異常的臨界值
	行動	評估現況之後該採取的行動
應用	應用方法	以高效率低成本的方式評估上述元素，以及執行上述行動的應用方法

及與結果有關的 KPI，然後知道這二個 KPI 與解決問題有關的 KGI 有關即可。

設定 KPI 的方法

解決問題時，會設定「目的」（最終想達成什麼）與「目標」（到何時達成多少程度）。請大家回想一下，在解決發生型問題的時候，也一樣會針對在 WHERE 找到的問題設定「目的」與「目標」。其實除了解決問題之外，若不事先設定具體的「目標」，就無法在對策執行完畢之後檢視對策的效果。

KGI 是檢視這類目的與目標是否達成的量化指標，而 KPI 則是對策執行現況、問題解決了多少的指標，所以 KPI 是在達成 KGI 基準值的過程中，用來確認對策是否順利執行的指標。那麼到底該如何設定具體的 KPI 呢？

答案就在之前的 WHERE、WHY、HOW 這些階段的討論裡，也就是以下這些內容：

- 活動 KPI 的設定對象→在 HOW 階段選出的「對策」
- 效果 KPI 的設定對象→ WHY 階段的因果構造圖裡的「該改善的原因」
- 結果 KPI 的設定對象→根據「該改善的原因」找出與 WHERE 鎖定的「問題」有關的「原因」

【圖6-8】對策與結果的相關性

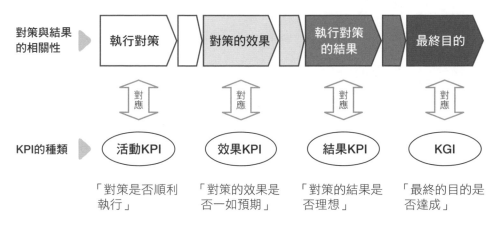

請大家參考圖 6-9。這是之前提過的案例，在 WHERE 階段得出了「雖然營業利益不斷下滑，但以國內消費者為對象的新產品銷路不佳才是問題」的結論，之後便針對「業務員的提案技巧不佳，也不了解新商品與眾不同之處，無法得到顧客認同」這個原因改善。如果要改善的原因有「舉辦讀書會的次數太少」與「未將要拜訪的客戶列成清單」這二個。

第一步，先以活動 KPI 觀察對策是否順利執行。

之後再以效果 KPI 觀察對策的執行效果。

若能改善接近核心的原因，上層的原因應該也會跟著改善，更上層的原因也一樣會改善。

依序確認每個原因的結果 KPI，就能知道解決到哪一層的原因。

如果連特定問題的 KGI 都產生改善，就算是徹底解決了問題。

【圖6-9】WHY 與 KPI 的關係

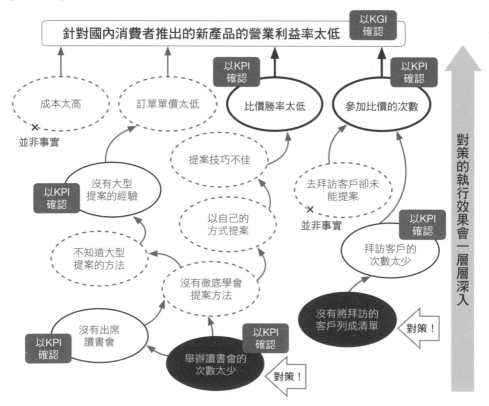

不過，就算無法連 KGI 都改善，只要因果構造圖裡的結果 KPI 改善，再解決其他原因的問題，KGI 的數值就能接近目標。

反之，明明執行了對策，但因果構造圖裡的結果 KPI 卻未如預期改善，有可能解決問題的步驟出了問題，此時就必須再次檢討解決問題的流程。

繪製 KPI 樹狀圖

從對策回溯因果構造圖之後會取得多個 KPI，這些 KPI 之間的關係可整理成樹狀圖，也就能看出解決問題的流程，之後也能快速選出該管理哪個 KPI 的數值。

圖 6-10 就是圖 6-9 因果構造圖的 KPI 樹狀圖。

第一步，先寫出終點，也就是「針對國內消費者推出的新產品的營業利益率太低」這個問題，這也是 KGI 的位置（左端）。

接著在 KGI 的右側配置因果構造圖裡的 KPI，例如「參加比價的次數」「比價勝率太低」、「單筆訂單的平均營業額」。參加比價的次數太低源自「拜訪的公司」太少，而「比價勝率太低」、「單筆訂單的平均營業額」，則是因為提案技巧不佳，這部分與「未出席讀書會」有關，而且也與「舉辦讀書會的次數太少」因為就算想出席讀書會，也沒有讀書會可以參加。就結論而言，從這種樹狀圖選出方便取得與管理資訊的 KPI。

【圖 6-10】KPI 樹狀圖案例

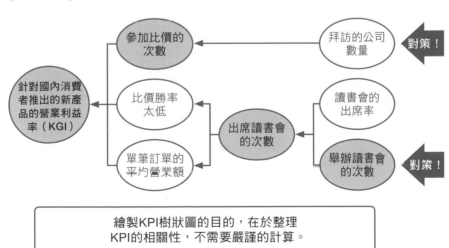

樹狀圖充其量只是為了整理這些內容，不大需要過多的計算與邏輯。在繪製 KPI 樹狀圖的時候，請先回顧截至目前為止的討論過程，再找出做為管理指標的 KPI。

選擇 KPI 組合

找出適當的 KPI 之後，接著取得數值，再選擇要使用的 KPI 組合。要管理所有透過樹狀圖找出的 KPI 是件曠日費時的事，通常很難做得到，而且從中取得資料更是難上加難。所以要從中挑出較重要的 KPI。挑選時，能滿足下列愈多條件愈理想。

- 能涵蓋對策與 KGI 的「活動 KPI」「效果 KPI」與「結果 KPI」
- 包含比 KGI 更早產生變化的 KPI
- 管理的 KPI 太多
- 能實際取得資料
- 容易量化或設定基準值
- 偏離基準值時，行動也很明確的 KPI

此外，KPI 充其量用於監控的工具，管理 KPI 無助於解決問題，所以與其花時間設定完美的 KPI 組合，還不如只取得最低程度的指標，早一步開始執行對策，KPI 組合也只需要在執行對策的時候改善。

設定 KPI 基準值

必須管理的 KPI 組合確定之後，接著就是針對每個 KPI 設定具體的、量化的基準值。此時必須考慮的觀點有二個，分別是「目的是否達成」（是否達成效果）與「可行性」（能否實現）。

所謂「目的是否達成」是指「當所有 KPI 的基準值都達成，KGI 的基準值是否也跟著達成？」如果「所有 KPI 的基準值都達成，卻沒有採取任何行動，那麼就算期限截止，KGI 的基準值也無法達成」，那可就麻煩了，所以在設定 KPI 基準值的時候，一定要設定成所有 KPI 基準值都達成的同時，KGI 的基準值也一併達成的程度才行。

其次的「可行性」是指就算 KPI 基準值設定得很完美，但無法達成，那麼這項 KPI 基準值就不具任何意義，所以在設定 KPI 基準值的時候，務必思考可行性這個部分。

話說回來，如果所有 KPI 的基準值都是可行的，而且也都達成了，但是 KGI 的目標值卻沒達成，那後續該怎麼辦？答案就是回到 HOW 階段，重新挑選更具效果的對策或是增加要推行的對策。

如果單一的對策無法達成 KGI 的目標值，那就推行多個對策，如果還是無法達成，就回到 WHY 階段，增加該改善的原因。所有步驟重新來過當然不容易，但每改善一個原因，就愈有機會解決問題。

設定具體的、量化的、具挑戰性的 KPI 基準值

設定 KPI 基準值的時候，必須是具體的、量化的以及具挑戰性的。

所謂的「具體的」，意思是基準值不能太過抽象，不能看不出是否達成。如果「拜訪新客戶數量」這個 KPI 的基準值設定為「100 間」，這個基準值就太過抽象，因為這會變成只追求拜訪新客戶，哪怕這些新客戶都不會購買新產品也無妨。所以最理想也最具體的基準值應該是「拜訪目標企業 100 間」才對。

「量化」的部分也一樣。如果基準值設定成「拜訪愈多間目標企業愈好」，恐怕每個人對於「愈多間愈好」的定義都不一樣，之後也會為了「基準值是否達成」而各持己見。

基準值要設定得具有「挑戰性」的原因，在於萬一未能順利達成時比較保險。比方說設定了「拜訪目標企業一百間」這個 KPI，交由全體成員分頭進行。此時很有可能會出現某個成員無法去拜訪客戶，或是簽約率不如預期這些問題。所以稍微將目標設定高一點，例如設定成「拜訪目標企業一百二十間」，會是比較保險的基準值，但也不能設定成遙不可及的基準值，否則就沒有任何意義了。

至於基準值該設定多高，每間公司或組織都有過去的經驗或習慣可以依循，例如我在 TOYOTA 汽車說要將 KPI 設定為「增加 50%」的時候，學員跟我說「這太不可能達成了」。但是當我說要設定為「增加 10%」，又被說「這也太沒挑戰了吧」，最後學員告訴我「就 TOYOTA 的習慣，增加 30% 算是有

點挑戰吧」，只是我也不知道為什麼會是這個結論。

設計行動

執行計畫表完成，KPI 的設定也完成之後，接著就要執行對策。在執行之前，還有一點需要注意，那就是 KPI 基準值萬一未能達成時的「行動」，因為 KPI 基準值未能達成，代表對策未能順利執行，其中也必定有一些原因才對，所以要先找出原因，研擬解決的行動。

比方說，有間公司的新客戶業績一直很低迷，所以對每位業務員設定了「新客戶營業額比前年同期增加 20%」的 KPI 基準值，此時必須先設定的行動是，當業務員無法達成這個基準值，「上司會與他進行個別面談，了解比價情況，也會審查他的提案」。

這個行動的內容當然也可在準備執行對策之前調整，甚至可以在執行對策的時候調整，若能在事前就先大致擬出行動的輪廓，對策無法順利推動時，就能迅速冷靜執行替代方案。像這樣隨時執行替代方案，讓對策得以順利推動是很重要的。如果遇到無法解決的問題，也只需要把 HOW 的樹狀圖拿出來看，試著執行其他的對策即可。

想必聰明的大家已經發現，「KPI 基準值無法達成時，就採取行動」也是解決問題的手段之一。事先設定 KPI、基準值，以及研擬相關的行動，也等於事先進行了 WHERE、WHY、HOW 這幾個階段的討論。

設計監控方式

到目前為止，已說明了 KPI、基準值、與行動這類監控對策執行狀況所需的部分。

最後該做的就是建立一套監控 KPI 值，並且視情況採取行動的「業務流程」。前面也提過，管理 KPI 無助於解決問題。如果管理 KPI 這個手段變成目的，或是花太多時間在這間事情上面，實在沒有任何意義可言，所以有效率地監控 KPI 值也顯得相對重要。

該監控的業務大致有二種，一種是「KPI 值」，一種是「視情況採取的行動」。

在「監控 KPI 值」方面，必須先決定「由誰在哪個時間點彙整資料」、「彙

整結果該由誰向誰，在哪個時間點報告」，將這一連串資料的蒐集與報告整理成業務流程，也要決定負責人與交辦相關業務。

在「視情況採取的行動」方面，必須事先決定「KPI 值的異常程度低於多少是由第一線處理」、「KPI 值的異常程度高於多少之後，由主管擬定對策因應」，然後將這個部分放入業務流程之內。之後不管 KPI 值出現多少次異常，也不需要再浪費時間討論該由誰處理這件事。

KPI、基準值、行動以及監控這些部分最好是在執行對策之前就先討論完畢，之後也可將「該在哪個時間點開始監控 KPI」、「是否要採取因應措施」、「該在哪個時間點重新檢視 KPI」這些部分放入執行計畫裡。

此外，若只將對策本身的任務放入執行計畫是不夠的，要連同監控對策執行狀況的任務一起放入執行計畫，再與相關人士分享這些業務。話說回來，若為了設計完美的監控過程而花太多時間，就很難早一步執行對策。

就實際的業務而言，若完全不設定 KPI，一旦發生問題就會來不及處理。但 KPI 的監控若太過嚴謹，對數字太過執著，反而會變得很沒效率。為了避免這些情況發生，請先從必要的 KPI 開始監控，之後再慢慢地提升精確度，才能妥善運用 KPI 這項工具。

第六章重點整理

1　對策要立刻執行

2　活用公司內部既有的資源

3　根據任務的開始與結束的條件，研擬執行計畫

4　透過每一個里程碑強化團隊的向心力

5　衡量目的、目標是否達成的指標是 KGI

6　衡量對策是否順利執行，是否有機會達成 KGI 目標值的指標是 KPI

7　事先討論 KPI、KPI 基準值、該採取的行動與整個流程，再將這些部分放入執行計畫之中

8　鉅細靡遺地檢視活動 KPI、效果 KPI、結果 KPI

9　根據「目的是否達成」與「可行性」設定 KPI 基準值

10　抱著解決問題的決心，貫徹要執行的計畫

第七章

評估與制度化

故事七 ## 評估結果，把結果化為通則的人

為什麼跟原本說的不一樣？

過了二個月，整個京都進入寒冷的隆冬。

整間公司為了下年度的部門期中計畫而多了幾分忙亂。由各部門提出的部門期中計畫每年都是由經營企畫部彙整，之後再對照經營團隊的方針，策畫整間公司的下年度期中經營計畫。

「重振多媒體事業部」這項任務在前次向宮里社長報告之後已告一段落，但這項任務仍是公司的一大項目，所以戶崎仍持續關注多媒體事業部的狀況。

就在這時候，戶崎收到了多媒體事業部的下年度部門期中計畫，也立刻過目了一遍。不過其中有個部分讓他有點難以置信。期中計畫的內容如下：

多媒體事業部　部門期中計畫
①在 DVD-R 事業、營業用錄影帶事業投注資源
②進軍藍光光碟市場與重組工廠
③降低卡帶、FDD、MO 事業的成本

①與②的部分與在專案討論的一樣，但③的部分卻與之前討論的完全不同。照理說，卡帶、FDD、MO 事業應該是出售才對，怎麼會變成「降低成本」呢？戶崎立刻前往多媒體事業部一問究竟。

戶崎敲了敲高橋事業部長的門之後，視線從文件移開的高橋招了招手，叫他進來。

「喔喔，稀客稀客，之前多謝你鼎力相助。」高橋似乎心情很好。

「突然來訪真是不好意思，這次來是為了確認部門期中計畫。第三項的『降低卡帶、FDD、MO 事業的成本』讓我有點不解，為什麼與專案的討論結果不一樣呢？不知道部長能否告訴我為什麼呢？」戶崎說。

「啊……你是說那件事啊」，高橋邊說邊拿起電話，按了內線電話的按鈕

後又說「這得花點時間說明，我請安達來一下好了。」高橋說。

讓結果成為通則

安達坐定後，戶崎先問了問高橋部長事業部的概況：

「前幾天聽高橋部長說，營業額上升了，對吧？」

「之後也一直上升，」高橋回答。「聽了你的建議設定 KPI 之後，銷售單價節節上升，業務員的角色扮演評價也提高了。」

「那真是太好了。」戶崎笑著繼續說：「現在是如何掌握銷售單價的呢？」安達回答：「每週由我彙整，再向高橋部長報告。」

「原來如此，」戶崎繼續問：「這項業務不能當成事業部的例行業務，由專人負責處理嗎？」

「當然可以。」安達回答之後繼續說：「我也打算從這個月開始，交給專人負責。」

「我覺得這樣很好。平均銷售單價是掌握事業部狀況的重要資訊，所以最好當成例行業務執行，才能持續監控相關的數字。」安達也對戶崎的意見點頭贊同。

標準化與橫向展開

戶崎接著詢問 DVD-R 事業與營業用錄影帶事業的近況。

「話說回來，就之前的分析來看，營業用錄影帶的問題在於降價幅度太大，這個問題的原因則是業務員的業務技巧不佳，其他產品也有類似的問題嗎？」

「其他產品也有類似的情況。」高橋回答：「營業用錄影帶的問題雖然特別明顯，但基本上業務技巧不佳的業務員也都是以降價求售的方式推銷 DVD-R 與家用錄影帶。」

安達補充：

「的確是這樣啊，一如事業部長所說的，業務員的教育絕對是事業部的一大課題。」

因此，戶崎試著提出解決方案：

「營業用錄影帶的業務員培訓似乎很成功，有沒有辦法將這個成功經驗複

製到其他產品的業務員身上呢？」

「我覺得可以，」安達立刻回答：「其實我們事業部也討論過這件事。」

「原來如此。這部分算是解決問題的最後一步，也就是『標準化與橫向展開』這個概念，讓目前執行過的對策落實為例行業務，讓每個人都能透過同一套方法達成相同的結果是非常重要的一步。要不要把這個概念當成第四個觀點，放進部門期中計畫呢？雖然今天是部門期中計畫的繳交日期，但下週週末還能再交一次，所以還來得及將這個概念放進部門期中計畫。」

高橋很贊同戶崎的提案。

「的確，要打造更強韌的組織，的確需要這個概念啊。那就讓我們事業部討論一下，看看要怎麼把這個概念放進去。」

沒有 HOW 指示，士氣高昂的第一線

接著戶崎又進一步確認進軍藍光光碟市場與工廠重組的進度。

安達提到：「前幾天我跟小濱工廠的同仁重新說明了專案小組的討論結果，也告訴他們這些措施的用意，他們也總算願意配合，所以目前準備裁減產線與共用設備。」

「一切如戶崎的建議進行。」高橋補充：「看來真的是因為說明得不夠清楚才產生誤會。為了避免單方面地下達指令，我們這次仔細說明了討論的過程與對策的全貌，也說明了接下來要執行的任務以及里程碑，小濱工廠的同仁在聽完說明後，便願意配合了。」

「這真是太好了。」戶崎說：「看來現在一切順利，沒遇到什麼大問題，希望這項對策明年可以繼續執行。」

「對啊。」高橋毫無異議地點了點頭後，端著咖啡的員工敲門進來，大家也喝杯咖啡略為休息。

苦酒滿杯的 HOW 思考

休息結束後，戶崎便切入主題：

「我比較在意的是部門期中計畫的第三項，也就是降低『卡帶、FDD、MO 事業的成本』這個部分。我記得，我們的討論結果是出售整個事業，為什麼最後會是現在這個結論呢？」

「這是因為⋯⋯」高橋欲言又止地說：

「唉，簡單來說，就是放棄出售事業了。我們已經向很多企業交涉，但沒有企業願意在這個時間點收購卡帶、FDD、MO 這類黃昏事業。基於其他公司從市場撤退，巴淡島工廠反而因此產能全開，所以我們才覺得，如果努力降低成本，說不定還能再拚一下。」

「原來如此⋯⋯」戶崎若有所思地說：「的確，經營環境已不同以往，對策的方向有所調整也不意外，我只是擔心成本還有沒有空間降低。就算真的還有空間，定價到底該訂多少呢？這項事業能持續到什麼時候也是問題。這些都已經討論過了嗎？」

「還沒耶⋯⋯」安達回答得有點心虛：「時間不夠，來不及討論到這些。」

戶崎進一步追問：

「我還有一點很在意。那就是出售事業這件事有沒有認真去談。除了日商之外，有沒有詢問外資企業？就算沒辦法出售整個事業，有沒有討論過只出售設備或智慧財產權的做法呢？有沒有考慮請其他公司以合資公司的方式出資呢？不知道多媒體事業部是否討論過這些有關資本重組的選項？」

「我們沒討論到這個地步，目前只問過幾間日商而已。」高橋回答。

「這樣啊⋯⋯」沉思了一會兒之後，戶崎說：「雖然有點難以啟齒，但如果不根據對策執行現況與經營環境變遷所產生的新論點重新討論，恐怕會陷入所謂的 HOW 思考。要解決問題，就要透過 PDCA 討論，所以在研擬新計畫與新對策之前，一定要重新檢視到目前為止的成果以及執行對策的過程。」

「說的沒錯。說不定，我們現在已經因為對策執行得不順利而病急亂投醫啊。」一臉恍然大悟的高橋與安達，都點頭表示贊同。

回顧與找出解決方案

戶崎於此時伸出援手：

「或許由經營企畫部接手出售事業這件事會比較好。能不能讓我透過回顧執行對策的過程了解現況呢？先回顧結果，接著再回顧過程（圖 7-1）。之前決議出售事業的原因在於 DVD-R 事業的業績遲遲無法成長，不過話說回來，如果 DVD-R 事業能一直爭取到新訂單，說不定就不需要賣掉卡帶事業了，這部分的現況如何呢？」

高橋與安達互看了一下之後，高橋立刻回答：「呃……情況還是一樣，業務員負責的產品太多，多到沒辦法跟客戶一個個提案，新產品也一直拿不到訂單。數字還是沒有成長，完全沒有任何結果。」

「是這樣啊，如果沒有結果，就有必要回顧推行對策的過程。」戶崎說完之後，繼續問：「那麼就讓我們先確認計畫的內容以及執行狀況吧。出售事業的交涉是否如計畫進行呢？」

「應該有如計畫進行。」安達回答。

「那麼計畫本身沒問題嗎？」

「這麼說來……」高橋歪著頭想了一下之後又說「原本是列了三間日商出來，準備詢問他們的意見，但有可能得連外國企業都問問看。」

「原來如此，說不定真的需要這樣。」戶崎回應之後繼續問：

「若能完成對策的每個小細節，最後就能完成『出售事業』這個目標，但這個對策是對的嗎？」

「從現況來看，說不定該執行的對策是從市場撤退，而不是賣掉事業。」高橋回答。

「這樣嗎？那讓我們稍微往回推一下好了。剛剛在檢討原因的時候，有提到業務員負責的產品太多，沒辦法好好提案這個原因對吧？」戶崎說。

【圖7-1】回顧結果與過程

「我覺得業務員的提案技巧還有改善的空間。」安達回答。

「原來如此，我大概知道狀況了。回顧 WHERE、WHY、HOW、要執行的計畫與執行過程之後，大概可得出二個結論。一點是在準備出售事業時，做為候補的企業太少，另一點則是陷入從市場撤退比出售事業來得更好的 HOW 思考。」

戶崎準備回到經營企畫部與大谷部長討論看看。如果計畫真的不好，那麼經營企業部有可能要重新擬定計畫，再試著出售事業。如果還是沒辦法找到想收購的企業，就放棄出售事業，試著從市場撤退，只是到時候還是得請多媒體事業部幫忙……。既然如此，『降低卡帶、FDD、MO 事業的成本』這項方針先從部門期中計畫拿掉會比較好。」

重新擬定計畫

戶崎回到經營企業部之後，向大谷部長報告了與多媒體事業部的討論結果：

「多媒體事業部似乎是基於上述原因，才提出『降低卡帶、FDD、MO 事業的成本』這項與專案結論不同的方針。我認為這是一種 HOW 思考，不符合 PDCA 的流程。

「不過，從結果來看，事業部那邊似乎不大熟悉出售事業這項計畫，所以無法正確擬定計畫內容。我也問過他們，能不能先由經營企業部接手，重新擬定計畫與挑戰出售事業。部長，真的對不起，在沒經過您的同意下，就提出由經營企畫部負責出售事業這項計畫，真的非常對不起。」

戶崎雖然惶恐地說著，但大谷部長卻是一如往常地以平穩的語氣說：

「這樣也很好啊，一來有正確地回顧了解決問題的流程，對公司來說，這也是最理想的補救方案嘍。就由經營企畫部接手出售事業這項計畫，同時把這項計畫列為下年度的專案吧。相對的，戶崎你可要負責到底。」

「當然，我會全力以赴。」戶崎爽快回答。

來自宮里社長的慰問

經營企畫部在年底舉辦的社長會議中，說明下年度的部門期中計畫時，向里社長報告了由經營企畫部接收多媒體事業部事業出售計畫一事。宮里社

長一臉滿意地慰問了大谷與戶崎。

「沒想到拜託你們重振多媒體事業部已經一年了，兩位的確帶著多媒體事業部的成員釐清現況，也讓他們看清了事業。事業部的業績正一步步好轉，高橋也能以前所未有的觀點訂立事業部的方針了。

「要徹底解決問題的確沒那麼容易。不管解決多少個問題，總是還會有新的問題出現，而且要讓員工、團隊與組織學會解決問題的技巧也是一項艱難的任務，兩位真的很努力了，真的非常感謝。」

說完，宮里社長豪爽地大笑了幾聲。

早晨，戶崎望著上賀茂萬里無雲的天空，想起一年前的事情。那時候，多媒體事業部的業績不斷滑落，也找不出任何原因，當時的戶崎可完全沒有心情欣賞這片萬里無雲的天空，但如今可不一樣了。與多媒體事業部討論了將近一年，也跑了一次 PDCA 流程，又於第二次的討論接手補救對策之後，戶崎除了鬥志之外，更有滿滿的責任感。

評估與制度化

- 評估執行結果
- 讓結果成為通則，幫助組織解決下一個問題

評估執行結果

不是結果沒問題就沒問題。回顧結果與過程

到此，問題總算快要解決了，一切快要大功告成，但是就算對策順利執行完畢，也不代表一切就此結束，仍有必要透過下列的 PDCA（計畫－執行－評估－行動）的 C（評估）驗證對策的執行結果，這也是因為最後要根據評估結果擬定下一步，也就是要擬定所謂的 A（行動）。

那麼該怎麼評估呢？一般來說，都是確認「一切是否順利完成」，也就是確認對策的執行結果，但就解決問題而言，光是這樣是不夠的，必須連同「過程」一併回顧，才算是完整的評估。大家可知道這是為什麼嗎？

答案就是，「剛好順利解決問題」不能算是真的解決了問題。我們常聽到「結果沒問題就好」這種說法，但解決問題的思維完全是背道而馳，只要無法複製成功經驗，就不算是真的解決了問題。我在 TOYOTA 汽車工作時，曾聽到某個小故事。

那時候製造的第一線常有良率的問題，工作人員也不斷地嘗試各種方法解決問題。正當他們解決問題，喘了一口氣的時候，他們的上司問：「找出良率下降的原因了嗎？」他們也如實回答：「不知道，但問題總算是解決了。」沒想到他們的上司居然怒罵：「這不過是剛好解決了問題，誰知道下次會不會再發生一樣的問題？」我記得 TOYOTA 前會長張富士夫也曾在雜誌專訪時，提到相同的故事。

結果固然是重要的，但請大家記得，要排除上述「偶然的幸運」，還是得回顧「結果與過程」。

避免只執行不評估（PDPD）和高速執行（DDDD）

想必大家都已經知道「評估」的重要，但其實大部分的職場都沒有進行所謂的「評估」。每個人都知道 PDCA 是擬定與執行計畫，然後評估結果與回顧，但令人訝異的是，我看過很多人自動跳過 C，只執行 PDPD 或 DDDD。

所謂的 PDPD，就是「只執行不評估」的流程。每次都研擬與執行新計畫，卻絲毫不評估執行結果，也不改善計畫。若問 PDPD 的流程有什麼不好，答案就是不僅無法改善原因，還常常愈改愈糟。不回顧計畫內容與執行過程就訂立另一套計畫，往往會訂出比上個計畫更糟的計畫。

不打算回顧的計畫就不需要花時間研擬，若要研擬這樣的計畫，還不如不要訂什麼計畫，把整個流程改成 DDDD，不斷試著解決問題，這樣還比較有機會「矇到」解決問題的方法。

不過，DDDD 就是「高速執行」，這只是另一種「HOW 思考」。前面的故事也因為「出售事業」這個對策無法順利推行，而在未經任何評估下，直接改成「降低成本」這個對策，而這就是典型的「HOW 思考」。如果每次都像這樣，在毫無計畫的前提下執行對策，恐怕會陷入「一直做就對了！」的惡性循環。

偶爾我會把 DDDD 這個流程戲稱為「高速執行」，而這是在執行 PDCA 的時候，連續挑戰四次 D（執行）這個步驟的思維，不過大家當成笑話來看就好。一直挑戰 D 這個步驟固然有一定的機率可以「矇中」，但這樣是無法解決問題的，而且也會不斷地消耗資源，你與團體成員或是整個組織也會疲於

【圖 7-2】DDDD 就是 HOW 思考

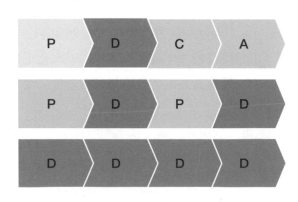

正確的方法
能會同整個組織，有效率地解決問題

只執行不評估
很難改善計畫，也很難與整個組織分享

HOW 思考／頭痛醫頭、腳痛醫腳
浪費資源，很難締造結果

奔命，所以在職場解決問題時，千萬別讓自己陷入高速執行的惡性循環裡。

你的組織是否重視 PDCA，尤其是 C（評估）這個步驟呢？某次我去客戶那邊的時候，聽到對方開玩笑地跟我說「我們公司可是 DHDH」。我問：「H 指的是什麼？」對方回答：「就是反省（反省的日文發音 Hansei，取首字 H）」的意思，不過「評估」與「反省」的語意有點出入就是了，所以接下來要帶大家了解「評估」的內容。

回顧 KGI 與 KPI

該怎麼評估「結果與過程」呢？首先要先回顧最終結果的 KGI 與 KPI，確認「這二個指標是否已達基準值」或是「達成這二個指標的過程是否符合預期」。如果 KGI 與 KPI 的設定是正確的，就能具體確認「執行對策的結果」與「問題是否真的解決了」，後續該執行的步驟也會隨著該結果而定。

（1）標準化、橫向展開

如果 KGI 已達基準值，KPI 也如預期達成，那麼問題算是成功解決。但就算是成功解決了問題，也不代表一切已經結束。倘若問題成功解決，下一步的「行動」就是回顧一連串的過程，讓這一連串的過程「標準化」，以便不管是誰接手，都能解決問題，或是讓別人在面對相同的問題時，能夠以此為借鏡。這就是「橫向展開」的概念，這個概念非常重要，後續會進一步說明。

（2）執行下一步

如果 KPI 如預期達成，但 KGI 卻未達到目標值，解決問題的過程也沒什麼錯誤，代表對策執行得不夠徹底。只要 KPI 還有機會達標，就要繼續執行現在的對策。如果執行一連串的對策，KGI 仍未達到目標值，代表設定的問題太過精簡，必須回到 WHERE 階段，試著找出「在篩選問題之際，優先順位被往後挪的問題」。

倘若 KGI 完全沒有改善，代表在 WHERE 階段的時候「完全搞錯方向」，此時就有必要在 WHERE 重新篩選問題。

（3）篩選成功因素

有時候也會出現 KPI 未達標但 KGI 卻達標的情況，例如 KGI 為「營業額提升 10%」，為了達成 KGI，另外訂下「拜訪一百間新客戶」的 KPI，結果拜訪客戶的過程不大順利，只拜訪了十間新客戶，但是卻跟其中的一位客戶簽了筆大訂單，「營業額提升 10%」的 KGI 也因此達成。這時候我們該如何看待這個結果呢？

其實，這不過是「偶然的幸運」和「結果好那就好」的盲點，不算真的解決問題，但目標終究是達成了，所以還是要回顧「為什麼會如此幸運」，找出其中的成功因素，以便後續繼續套用相同的經驗。如果能知道簽到大筆訂單的原因，就能在日後解決問題的時候，套用相同的方法。

（4）從頭來過

最後要請大家思考的是 KGI 與 KPI 都未達標的情況，這也是問題沒得到解決的情況，不過，不能只「反省」失敗，還要從解決問題的流程之中找出受挫的環節，再於日後應用這段失敗的經驗。

為此要回顧截至哪個部分的 KPI 已達成。第一個要回顧的是在 HOW 階段設定的「活動 KPI」。如果活動沒順利執行，就要調整執行計畫或 D（執行）的內容。

倘若活動順利完成，就繼續回溯，確認在 WHY 階段設定的「效果KPI」，確認改善原因的對策是否有效果。效果不彰的話，代表沒有對症下藥，就必須重新擬定對策。

如果「效果 KPI」如預期達成，就必須回到 WHERE，回顧在「WHY 的第一層」設定的「結果 KPI」。結果 KPI 若未如預期達成，有可能在 WHERE 找到問題，以及往下探討這個問題的原因時找錯方向，此時就必須重新回到 WHY 階段討論。

其實在前面的故事裡，戶崎也從「DVD-R 事業的業績是否成長」這個結果回顧出售事業這個計畫。由於結果不如預期，所以從結果開始回溯，依序問了「對策是否徹底執行」、「計畫之中，有沒有不可行的部分」、「對策是否妥當」、「有沒有找到根本的原因」，結果得到「準備出售事業時，做為候補的企業太少」、「陷入從市場撤退比出售事業來得更好的 HOW 思考」這二個結論。

釐清成功與失敗的因素

回顧結果與過程之後,要將回顧的內容整理成具體格式,紙本或電子檔都可以,整理成方便其他人確認的「具體格式」(圖7-3)。

將回顧的內容整理成「具體格式」時,當然要整理相當於P(計畫)的WHERE、WHY、HOW1的流程,以及WHAT、HOW2,更重要的是D(執行),要將執行計畫的過程整理得清清楚楚。其實D通常不會那麼順利,大部分都是一再失敗、最終才成功的流程,但再次執行這個計畫時,就不需要重蹈這些覆轍。只要能整理出「執行這些就能從頭到尾順利完成」這類內容,就能在下次解決問題時,應用這些經驗。

反正都要整理,能精簡成「成功因素」與「失敗因素」的格式會更理想。所謂的「成功因素」就是為什麼最終能順利執行的原因,「失敗因素」則是相反的原因,換言之,就是整理那些「失敗」的原因。

在第六章的故事裡,工廠重組遇到不少波折,小濱工廠的DVD-R事業要移交給巴淡島工廠時,傳出「小濱工廠好像要關廠」的謠言,工廠的員工也在暗地裡抵制,所以工廠重組的計畫才會失敗,但失敗的原因在於沒有向小

【圖7-3】具體化的內容可承上啟下

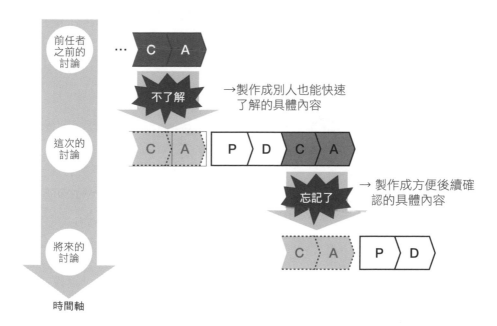

濱工廠的員工說清楚「是基於何種公司方針才移交事業」，換言之，從這個失敗可以學到「執行對策時，一定要向受到影響的組織說明目的、終點以及任務的全貌」。此外，原本出席會議的人都不到一半，所以改成在「生產調整會議」討論業務移交的相關事宜，與會人員才因此了解業務移交的細節，也才能一步步推進移交業務的計畫。從這個成功因素學到的是「如果無法順利召開新會議，就在既有的會議討論」。像這樣整理「成功因素」與「失敗因素」，下次就不會重蹈覆轍，對策也能順利執行。

KGI 與 KPI 的基準值若不夠明確就無法評估

先前提過，在現實世界的職場裡，PDPD 或 DDDD 都是常見的流程，但之所以會如此，原因之一就是「KGI 或 KPI 的基準值不夠確實」。如果 P（計畫），也就是 WHAT、WHERE、WHY、HOW 的 KPI 基準值不夠確實，就無法評估這些階段的成果（圖 7-4）。

在第六章曾提過，設定基準值時，務必符合「具體、量化、具挑戰」這

【圖7-4】無法確認的討論

	WHAT 理想狀態是？	WHERE 該優先改善的原因是？	WHY 該檢討的原因是？	HOW 該如何解決問題？
方便確認的輸出	促銷用的直購印刷品回應率在六個月之內上升2%	從東京都市圈的上市公司開始	根本原因在於印刷品的成本太高，必須在內容相同的情況下，讓成本從250日圓降至150日圓	每批的印刷量從5000本增加至10000本
無法確認的討論結果	盡早從顧客得到回饋	將目標放在重點顧客	改善印刷品的外觀與印刷效率	組成特別小組，交由特別小組處理

抽象的形容過多，或是把事情交給別人處理，就不管後續的細節，通常很難確認結果

三個條件，其中尤以「具體、量化」最重要。如果將基準值設定成「略高」或「有效率地推行對策」這類曖昧的內容，就無法在執行對策之後，判斷 KGI 是否達標，也無法了解 KPI 是否達標。

　　前面也提過，解決問題的步驟都是環環相扣的，所以當基準值設定得不夠明確，就會造成一連串的麻煩。最常發生這類麻煩的就屬「績效考核」的業務。公司與部門的問題解決方案都是由個人負責，所以每個人的年度目標都會設定「對策」的執行內容。如果不在年度目標面談的時候，設定「具體的、量化」的 KPI 基準值，就無法在「目標是否達成」這點取得共識。為了避免在日後產生這些紛爭，務必設定明確的 KGI 或 KPI 的基準值。

CAP-D 思維：評估－行動－計畫－執行

　　到目前為止，「評估」的基本流程已經說明完畢，最後要介紹的是進階的流程，也就是 CAP-D（評估－行動－計畫－執行）思維。

　　大家比較熟悉的應該是 PDCA（計畫－執行－評估－行動）吧？但希望大家再仔細想一下，在實際的職場裡，有多少工作是從 P（計畫）開始的呢？大部分都是去年有去年的做法，今年有今年的做法，或者是前任有前任的做法，自己有自己的做法，換言之，只要不是全新的做法，就一定會有之前的 PD，所以大部分的情況都不會是 PDCA，而是從 C（評估）開始的 CAP-D 才對（圖 7-5）。

　　人事異動或組織變更，導致換人負責時，最常見的就是誤以為解決問題的基本流程是 PDCA，所以就不管前面做過什麼，直接從 PD 開始的情況，長久以往，整個流程就會變成 PDPD。只要不是前所未見的工作，一定都有之前的 PD，所以就算不是由自己負責的，也要透過 C 這個步驟回顧之前的 PD 討論了什麼，又做了什麼，徹底了解成功與失敗的因素之後，再制定下個步驟的 A（行動）。

　　解決問題的基本流程的確是 PDCA，但在現實世界的職場裡，最好改成 CAP-D 的流程會比較實用。

【圖7-5】通常會是CAP-D而不是PDCA

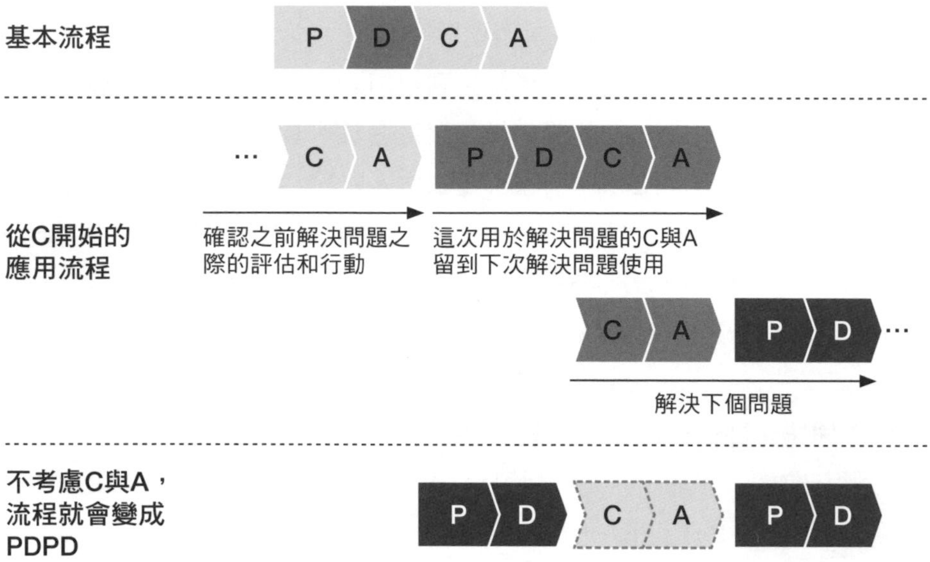

基本流程

P D C A

從C開始的
應用流程

··· C A P D C A

確認之前解決問題之　這次用於解決問題的C與A
際的評估和行動　　　留到下次解決問題使用

C A P D ···

解決下個問題

不考慮C與A，
流程就會變成
PDPD

P D C A P D

讓結果成為通則，幫助組織解決下一個問題

最後的動作到底是什麼？

PDCA 的 A，也就是「行動」，到底是什麼？雖然有不同的解釋與看法，但我覺得大致有三個行動。第一個就是「結束這次解決問題的作業」，第二個是「讓解決問題的流程在組織扎根」，第三個是「解決新的問題」。

第一個「結束這次解決問題的作業」，請參考圖 7-6 的說明。如果 KGI 未達標，代表問題還沒解決，所以得「繼續解決問題」或是「從頭來過」，總之為了徹底解決現在的問題，必須採取行動。評估結果，回顧過程，把沒做好的部分重做一次，或是回到 WHERE，找出其他的問題再予以解決，就是第一個要做的事情。

「標準化」與落實成制度

第二個的行動是「讓解決問題的流程在組織扎根」，此時會需要知道「標準化」與「橫向展開」這二個概念。可能有些讀者聽過「標準化」，每個人擁有不同水平的知識與技能，所以就算是同一件工作，每個人的做法也不盡相

【圖7-6】隨著KPI與KGI而調整的行動

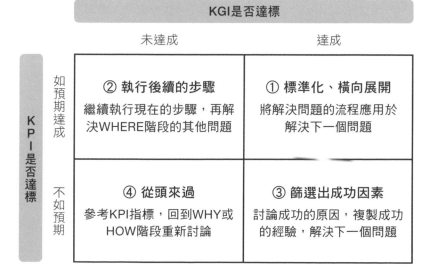

同，成果也不會一致。為了讓每個人都能拿出相同成果的業務流程設計就稱為標準化。

讓我們以用手捏飯糰這個簡單案例說明標準化：

如果要捏的是餡料相同的飯糰，只要米飯的量不一樣、調味不一樣、包海苔的位置不一樣、捏的力道不一樣，成品就會不一樣。那麼要讓每個人都能捏出一樣的飯糰，到底該怎麼做呢？答案就是徹底秤重白飯與鹽巴，接著決定是要把鹽抹在手上，還是直接拌進飯裡。至於海苔的位置則可寫成工作手冊，當然也可放棄用手捏，改以機器或模型捏製。這種讓每個人都能拿出相同成果的工作流程，就稱為標準化。

不能「標準化」，組織就無法成長

如果已評估了結果與過程，也彙整了評估內容與篩選出成功、失敗的因素，卻發現執行對策的過程中，有一些「只有你才能做得到的事情」那該怎麼辦？倘若在前面的故事裡，小濱工廠的工作人員誤以為「工廠要被關閉」而在暗地裡反抗，結果戶崎親自前往工廠，說服了小濱工廠的工作人員。如果下次又發生類似的問題，負責解決問題人若能與戶崎一樣解決問題當然是最好，但如果無法像戶崎一樣解決問題，代表這個解決問題的方法無法複製成功的經驗。

若是在解決問題的過程中，出現「只有某人能處理」的部分，那麼這個人永遠都得一直解決相同的問題，沒空處理新的業務，也沒辦法把這個問題交給新人處理，整個組織也無法升級，所以「標準化」就是設計一個「誰來做，都能創造相同成果」的流程。以前面的故事七為例，就是戶崎將「說服小濱工廠那些人的內容」整理成紙本內容，讓每個人都能依照這些內容說服工作人員。

在設計標準化的工作流程時，通常會製作記載步驟或訣竅的說明手冊，有時也會製作檢核表，如果有些工作比較複雜，還會製作一些簡易的工具或道具，讓這些稍微複雜的業務更快完成。請大家在標準化工作流程的時候，務必思考該怎麼設計，才能讓別人使用自己的「絕技」，創造相同的結果。打造一個任何人都能依照固定的步驟創造成果的工作流程，是非常重要的一件事。

「橫向展開」，與其他部門分享

要讓「解決問題的方法於組織扎根」的另一個重要概念就是「橫向展開」。所謂的「橫向展開」就是與別人分享自己所知的意思，TOYOTA 則習慣說成「橫展」這個字眼。

如果你解決了問題，但公司其他部門很可能也有類似的問題，若是其他部門的人也得從零開始研擬解決問題的對策，實在不符合經濟效益。在前面的故事裡，為了阻止營業用錄影帶的單價繼續下滑而試著強化業務員的業務技巧，卻沒有讓這個成功經驗複製到遇到類似問題的其他事業。戶崎認為，其他事業早晚也會遇到「單價下滑」的問題，所以將「業務員培訓課程」列入下年度部門期中計畫。

那麼該怎麼做才能「橫向展開」，與別人分享所知呢？分享讓任何人都能創造相同成果的「標準化業務流程」當然很重要，但光是這樣還不夠，還得分享相關的背景資訊，別人才能了解在什麼背景下，發生了什麼問題，也才能判斷是否要套用上述的「標準化業務流程」。若以前面的故事比喻，就是業務員培訓課程之所能夠奏效，在於當時的背景是「不了解營業用與家用錄影帶的特性，所以才過度讓價」，所以若是背景類似，就能使用上述的標準化業務流程。如果當下的背景是「顧客採用電子競價，所以被迫捲入削價競爭」，就無法透過標準化的業務流程「阻止單價下滑」。

為了讓別人立刻知道上述的標準化業務流程能於「何種局面使用」，必須將標準化的背景資訊與目的整理成方便搜尋的資料格式。

◆若不「標準化與橫向展開」，會有什麼結果？

解決了問題的當事人可從解決問題的過程得到經驗，下次遇到相同的問題時，也能順利解決，但如果在這一步停了下來，那麼解決問題的過程與經驗就只是當事人的個人資產。為了讓這些過程與經驗轉化為「公司的資產」，必須標準化解決問題的過程，讓每個人都能以相同的方式解決問題，還要將標準化的工作流程橫向分享給其他部門，整間公司的工作效率就會提升，整個組織也會變得更加強，此時「解決問題的 PDCA 流程」也才算是完整地跑過一遍。個人色彩濃厚的工作過多，導致整個組織無法發揮實力的企業何其多啊。

在諸多無法標準化、橫向展開的原因之中，最常聽見的就是「太忙」。由於企業的周邊環境時刻都在改變，所以解決一個問題之後，往往會有另一個問題跳出來，所以大部分的人都沒辦法停下腳步將工作流程標準化，也沒空為了別人橫向分享自己的工作流程。不過在此要請大家想一下，沒有執行標準化與橫向展開，會有什麼結果？

如果能做到工作流程標準化，讓每個人都能創造相同的成果，你就能擺脫這項業務，如果放棄標準化，你就得永遠負責這項業務，陷入忙得團團轉的「惡性循環」，而這些未標準化的工作流程也無法橫向分享給其他部門。如此一來，周遭的這些部門又會變得如何？答案就是每當遇到相同的問題，都得從頭開始研擬計畫與對策，不斷地嘗試與失敗，忙得焦頭爛額。換言之，周遭的部門也會陷入前述的「惡性循環」，整個組織也會一步步沉入「本來就很忙，卻又變得忙」的漩渦裡。為了避免如此，千萬別把「太忙」當成藉口，而是要傾組織之力標準化業務流程，以及分享這些標準化的業務流程。

永遠都有改善的餘地

標準化不是一次就結束的作業。如果在標準化的過程中遇到障礙，或是發現更有效率的方法，不妨改善已標準化的工作流程。TOYOTA 汽車有句名言：「沒有標準，就沒有改善」，這意味著所謂的「改善」就是不斷提升標準。讓現在的工作流程變得更好固然是一種改善，但只有提升「標準」，也就是提升「任何人來做，都能創造相同成果的工作流程」的品質，整個組織才能因此得到改善，而且還要讓這個改善的效果水平擴散至其他部門與整間公司（圖7-7），整個組織也會因此一步步升級。

標準化解決問題的過程，與分享標準化的結果不僅能讓你跳脫忙碌的狀態，也能讓你在工作告一段落的時候，反省整個過程，藉此從中獲得成長。對隸屬的部門而言，讓標準化的工作流程落實為制度，就能一再締造相同的成果，對整間公司來說，除了能提升整個組織的能力，避免犯下相同的錯誤，還能節省更多的時間，從事其他的工作，生產更優質的商品與服務，也有機會因此得到顧客的青睞以及為社會貢獻一己之力。

解決新的問題

第三個，也是最後要說明的是「解決新的問題」。若問標準化與橫向展開之後，工作就結束了嗎？答案當然不是。由於大環境持續改變，顧客或股東對企業的期待也會愈來愈高，企業與對手之間的競爭也只會愈來愈白熱化，公司的資源也會有所增減，所以解決問題之後，必須回到起點，繼續解決下一個問題。

你手上的工作應該不會只有一、二個，如果其中一個工作的問題解決了，請試著解決其他工作的問題。如果在某個環境下設定的 KGI 達標，就設定另一個目標值更高的 KGI。你的工作就是要像這樣不斷地解決問題。不知道大家是否還記得，本書在「前言」提過「所謂的『解決問題』，就是在所有工作場合都能看得到的『工作方式』」這句話，在 TOYOTA 汽車則說成「解決問題是 TOYOTA 的工作方式」。因此，解決問題只是日常的工作方式，絕不是什麼特殊的概念與技巧。

解決問題的「思考作業系統」

截至目前為止，筆者已介紹了所有與解決問題有關的知識與技巧，不知道大家對於「解決問題」這件事，是否已經有了新的看法。

我們公司正朝著「商業技巧系統化並加以推廣」這個願景努力，希望將職場所需的概念與行動整理成一套簡單易懂的系統，讓所有上班族都能應用

【圖7-7】沒有標準就沒有改善

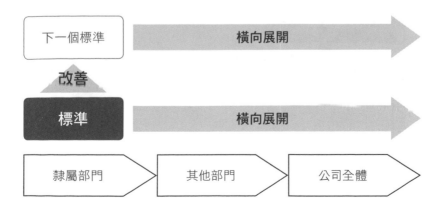

這套系統。這套系統包含了筆者之一的高田貴久，代表於前著《精準表達》提及的「邏輯思考」、「假說思考」、「資料製作」的技巧，以及「經營策略」、「會計」、「財務」這類 MBA 科目，但其中最為重要的，就是被我們定義為「思考作業系統」的「問題解決技巧」。

「解決問題」的技巧與 MBA 科目的相關性尤其重要。大家除了負責自己的工作之外，也會解決一些企業經營的問題吧，此時或許會學到各種相關的知識，也就是所謂的 MBA 知識，但如果不知道這些知識之間有什麼關聯，就完全無法運用這些知識。圖 7-8 說明解決問題的技巧與 MBA 科目之間的關聯。我們在幹部培訓課程傳授 MBA 知識的時候，一定會根據這張示意圖說明兩者之間的關聯性，在此也為大家簡單地說明一下。

就解決問題的技巧而言，「會計」是在 WHERE 階段深掘問題之際所需的知識。閱讀財務報表，了解經營成果通常是解決經營問題的起點。

在 WHY 階段深掘原因之後，會發現一些不對勁的工作流程，而這就是屬於「流程運作」的部分。

此外，企業課題的 WHAT 就是所謂的「經營策略」，也就是「公司該往哪個方向前進」的意思。此外，「願景」等於是思考 WHAT 時的「目的」。

【圖7-8】解決問題的技巧與MBA的主要課程

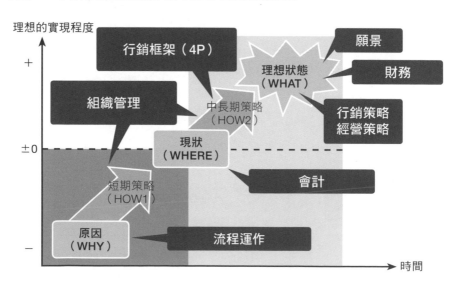

在思考經營策略之際，能有效管理公司整體的投資組合、研擬有效的投資策略，以及剖析數字的是「財務」。

雖然「行銷」屬於產品服務的內容，與企業經營無關，但「行銷策略」其實就是打造產品服務的「理想狀態」，而執行這個行銷策略的框架就是 4P（產品、價格、通路、促銷）。

經過上述這些技巧研擬的對策，必須傾組織之力執行，而不是以個人的立場執行，此時需要的概念就是「組織管理」或「領導力」。

將這些解決問題的技巧當成思考作業系統，安裝在腦袋裡，就能吸收各種經營知識，也能將這些零散的經營知識整合為實用的知識。

解決問題的「共同語言」

最後想以「共同語言」做為本書的尾聲。

有些人覺得，解決問題的技巧是一種「思考術」，但我們覺得，解決問題的技巧是一種「工作術」，可以加速個人的工作效率，也能提升整個組織的效率。

不管是什麼工作，都很難一個人做完所有事情，通常得與客戶、其他廠商、其他部門、上司、下屬、同事一起完成，而且隨著年齡增長，接到的工作也會愈來愈重要，參與同一件工作的人也會愈來愈多。如果能在分工合作的過程中，讓所有人使用相同的語言，了解推動工作的順序，從中找出問題、原因以及研擬對策，工作就會有如神速般地完成。如果每個人各說各話，使用不同的語言，朝不同的方向努力，那麼不管過了多久，工作都不會有任何進展。

據說本書多次提及的 TOYOTA，早在 1960 年代中期實施解決問題課程，上至主管、下至新人、不問職務、組織規模、國籍，都讓豐田式問題分析與解決方法（TOYOTA Business Practice，TBP）扎根於組織，成為員工之間的共同語言，整個組織也因此發揮潛力。

「羅馬不是一天造成的」，如果每個人都只是憑著靈感解決問題，整個組織就無法發揮潛力。公司文化也非一朝一夕可以形成，有道是「百里之行始於足下」，有人開始解決問題，總比沒人動手解決來得好。只有像這樣一點一滴累積解決問題的技巧，公司文化才得以形成，組織才得以變得更有韌性。

大家不妨試著讓解決問題的技巧成為組織成員之間的共同語言，試著將解決問題的技巧當成工作方式。沒有語言就沒有文化，希望大家都能將解決問題的技巧當成共同語言，培育不斷改善與改革的公司文化。

! 第七章 評估與制度化重點

1 不是結果好就沒問題，還要回顧結果與過程

2 避免陷入只執行不評估（PDPD）或高速執行（DDDD）的流程

3 回顧 KGI 與 KPI，思考下一步

4 具體列出成功與失敗的因素

5 現實世界的職場通常是 CAP-D（評估－行動－計畫－執行）的流程

6 標準化業務流程，讓業務流程成為制度

7 以「橫向展開」的方式分享標準化的業務流程

8 沒有標準就沒有改善，永遠都有改善的餘地

9 將解決問題的技巧定義為「思考作業系統」

10 將解決問題技巧當成「共同語言」，培育不斷改善與改革的企業文化

附錄

圖表索引

關於作者

作者簡介

高田貴久

株式會社 Precena Strategic Partners 創辦人暨執行長。

生於 1973 年，東京大學理科 I 類輟學後，於京都大學法學部畢業。1998 年進入顧問公司 Arthur D. Little 服務，從整間公司、事業與 R&D 的策略到業務流程、人事制度、組織文化改造的角度，提供製造業各種解決經營課題的方法。於同公司負責新人招募、教育研修課程之後，2002 年進入株式會社 Mabuchi Motor，擔任社長兼事業基盤改革推進本部本部長輔佐，從事企業改造。之後於 Boston Consulting Group 服務，2006 年創立株式會社 Precena Strategic Partners，以打造、推廣體系化商業技巧為願景，促成企業發展與個人成長。著有《精準表達》（江西人民出版社）。在個人活動方面，經營人力入口網站「外資顧問 .COM」，也於 academyhills、早稻田大學 Extension Center 執掌教鞭。曾於東京大學、京都大學、九州大學、早稻田大學舉辦多場演講。
http://www.gaishi-consultant.com/

岩澤智之

株式會社 Precena Strategic Partners 人資長。

1981 年出生，於東京工業大學工學部經營系統工學科畢業。2004 年進入株式會社 ABeam Consulting 服務，負責擬訂企業策略、改革業務流程與提供相關諮詢，之後進入株式會社 ABeam M&A Consulting（現稱 Maval Partners）服務，從事 M&A 企業改革業務、企業價值評估業務。2008 年進入株式會社 Precena Strategic Partners，目前除了擔任研修講師，為客戶提供企業人才培育的課程，也擔任該公司人資長，負責招募新人與培育幹部。

共同作者

岡安建司

株式會社 Precena Strategic Partners 行銷長（CMO）。

上智大學經濟學系畢業。曾於日本電信電話株式會社、NTT Communications 株式會社設計人事制度與研修課程，也從事業務、SE、銷售企畫這類工作。於株式會社 Mercer Japan 擔任組織與人事方面的諮詢顧問之後，進入株式會社 Precena Strategic Partners。目前除了擔任研修講師，為客戶提供企業人才培育的課程，也擔任該公司的行銷長，做為公司與顧客之間的窗口。

木村知百合

慶應義塾大學大學院經營管理研究科（MBA）第一名畢業後，於株式會社「Accenture」策略集團服務，後來進入株式會社 Precena Strategic Partners。

北原孝英

日本大學國際關係學系畢業後，從事稅務事務諮詢顧問業、進入日本經營系統研究所、株式會社 alu，離職後，進入株式會社 Precena Strategic Partners。

株式會社 Precena Strategic Partners

於 2006 年創立，目標是打造與推廣體系化商業技巧，為企業發展、個人成長做出貢獻。主要業務包含經營諮詢、教材開發、社內講師培訓、商業技巧研修、企業評估、線上學習。曾為多家龍頭企業開發課程與培育人才，例如曾為 TOYOTA 汽車開發問題解決課程，以及為了三菱商事設計企業理念推廣課程。人力資源負責人的免費體驗講座隨時舉辦中。

http://www.precena.com/

CAP-D：Check － Action － Plan － Do，評估－行動－計畫－執行　263

DDDD：Do － Do － Do － Do，連續執行／一直做／ HOW 思考　258

PDCA：Plan － Do － Check － Action，計畫－執行－評估－行動　229

PDPD：Plan － Do － Plan － Do，只執行不評估　258

KGI：Key Goal Indicator，關鍵目標指標　163

KPI：Key Performance Indicator，關鍵績效指標　239

MECE：Mutually Exclusive Collectively Exhaustive，彼此獨立，互無遺漏　56

TBP：Toyota Business Practices，豐田式問題分析與解決方法　36

Toyota 8 Steps：豐田式八步驟問題解決法　36

　　① 明確問題

　　② 分解問題

　　③ 設定目標

　　④ 把握真因

　　⑤ 制定對策

　　⑥ 貫徹實施對策

　　⑦ 評價結果和過程

　　⑧ 鞏固成果

國家圖書館出版品預行編目（CIP）資料

解決問題：克服困境、突破關卡的思考法和工作術 /
高田貴久 , 岩澤智之合著 ; 許郁文譯 .
 -- 初版 . -- 臺北市：經濟新潮社出版：英屬蓋曼
群島商家庭傳媒股份有限公司城邦分公司發行 ,
2021.09
 面 ；　公分 . -- （經營管理 ; 171）
譯自 : 問題解決 : あらゆる課題を突破する ビジネ
スパーソン必須の仕事術

 ISBN 978-986-06579-8-2（平裝）

1. 策略管理 2. 思考 3. 職場成功法

494.1   110012889